找寻遗失在西方的中国史

上海花园动植物指南

[英]苏柯仁 著

赵省伟 主编

陈昕 译

北京日报出版社

图书在版编目（CIP）数据

上海花园动植物指南 / (英) 苏柯仁著 ; 赵省伟主编 ; 陈昕译. -- 北京 : 北京日报出版社, 2023.11(2024.3重印)
（西洋镜）
ISBN 978-7-5477-4514-4

Ⅰ. ①上… Ⅱ. ①苏… ②赵… ③陈… Ⅲ. ①动物－介绍－上海②植物－介绍－上海 Ⅳ. ①Q958.525.1 ②Q948.525.1

中国国家版本馆CIP数据核字(2023)第185078号

出版发行: 北京日报出版社
地　　址: 北京市东城区东单三条8-16号东方广场东配楼四层
邮　　编: 100005
电　　话: 发行部: (010) 65255876
　　　　　总编室: (010) 65252135
责任编辑: 卢丹丹
特约编辑: 黄忆
印　　刷: 盛大（天津）印刷有限公司
经　　销: 各地新华书店
版　　次: 2023年11月第1版
　　　　　2024年3月第5次印刷
开　　本: 787毫米×1092毫米　1/16
印　　张: 9.5
字　　数: 150千字
印　　数: 5001—8000
定　　价: 98.00元

「出版说明」

1938年5月30日，英国博物学家苏柯仁开始于英文报纸《字林西报》(*The North-China Daily News*)[①]上连载《博物笔记》，该笔记是关于中国，尤其是上海地区动植物的随笔，语言平实自然，内容引人入胜，以每周三期的频率刊行，直至1938年10月7日。1939年，该笔记结集成册，由中国杂志出版公司出版。本书除对该单行本内容进行了翻译整理，还将苏柯仁好友E.S.威尔金森[②]所著《上海鸟类》(*Shanghai Birds*)、《上海观鸟月历》(*Shanghai Bird Year*)二书部分插图摘录于书前，以作为上海地区动植物科普的图像性补充。加上书前附图，全书图文描述共计150千字。

一、《上海花园动植物指南》(*Nature Notes:A Guide to the Fauna and Flora of A Shanghai Garden*)原书英文，包含正文内容57篇，并有作者自序及连载原委说明。

二、为方便读者阅读，编者对书中原有图片进行了统一编排，重新编号，并对较长篇章进行了分段。

三、由于能力有限，书中个别动植物名、人名无法查出，皆采用音译并注明原文。

四、由于原作者所处立场、思考方式以及观察角度与我们不同，书中一些观点跟我们的认识有一定出入，为保留原文风貌，均未作删改。但这不代表我们赞同他们的观点，相信读者能够理性鉴别。

五、由于资料繁多，统筹出版过程中不免出现疏漏、错讹，恳请广大读者批评指正。

六、书名“西洋镜”由杨葵老师题写。感谢江西师范大学美术馆提供封面创意。

编者

①英国人在中国出版的历史最久的英文报纸，也曾经是在中国出版的最有影响的英文报纸。——译者注

②爱德华·谢尔顿·威尔金森(Edward Sheldon Wilkinson，1883—1950)，英国人，会计师、鸟类学家，1909年来华，曾任上海工部局及中国保险公司会计。——译者注

。秃鼻乌鸦

。大嘴乌鸦

白颈鸦

。灰喜鹊

沼泽山雀

棕头鸦雀

鹪鹩

画眉

黑脸噪鹛

白头鹎（颈背部白色羽毛发育完全的成年雄鸟）。

。红尾鸫

。斑鸫

。未成年乌鸫

。黑眉苇莺

。北红尾鸲

。东方大苇莺

。寿带鸟雄鸟

。寿带鸟雌鸟（尾部较短）

。寿带鸟雄鸟白色型

。牛头伯劳

。楔尾伯劳

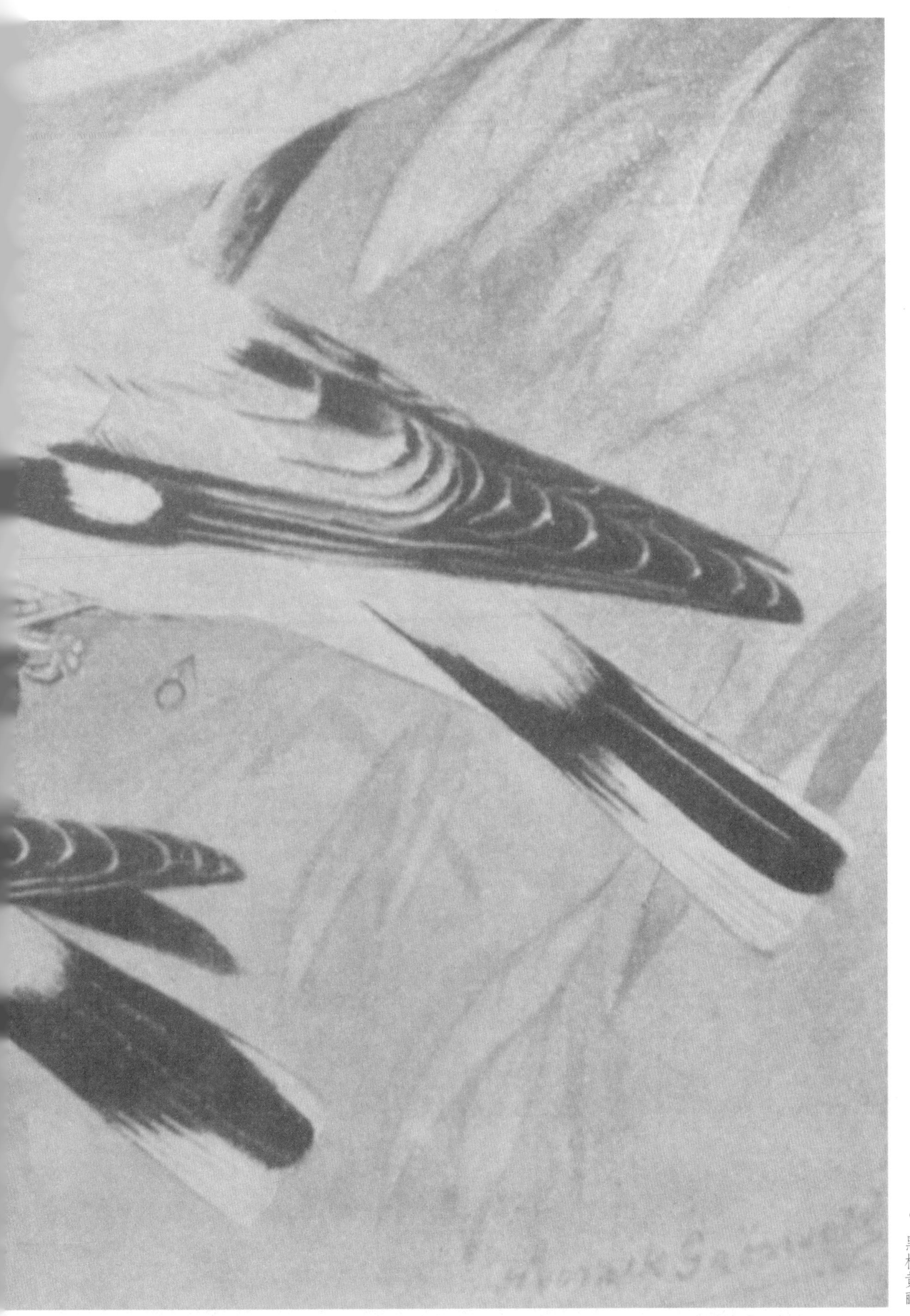

◦黑枕黄鹂

。黑尾蜡嘴雀（雄鸟）

。黑尾蜡嘴雀（雌鸟）

。田鹀

。黄眉鹀

。栗鹀

。黄喉鹀

。水鹨

。白鹡鸰灰背眼纹亚种

。黄鹡鸰

◦白鹡鸰普通亚种

◦白鹡鸰黑背眼纹亚种

◦灰鹡鸰

八哥（小像展示了翅膀上的白色翼斑）。

。灰头绿啄木鸟

。蚁䴕

。大斑啄木鸟（雌）

普通翠鸟。

。四声杜鹃

。大杜鹃

。游隼

。黑耳鸢

。赤腹鹰

。斑头鸺鹠

黑水鸡

普通秧鸡

。骨顶鸡

。小䴙䴘

。矶鹬

。扇尾沙锥

。白腰草鹬

。丘鹬

白鹭

牛背鹭

池鹭

。珠颈斑鸠

。山斑鸠

。火斑鸠雄鸟（左）与雌鸟（右）

鸟桌。威尔金森家中花园一角的鸟儿避难所（上海）。图中的茅草给料盘是冬季用的

以上图片出自《上海鸟类》

灰伯劳。

少见的冬候鸟[1]（1月可见）

①本书所标候鸟、旅鸟、留鸟等信息均针对上海地区而言。——译者注

达乌里寒鸦。
冬候鸟，常与秃鼻乌鸦混群

杓鹬。

冬候鸟及旅鸟

鹌鹑。

冬候鸟，有时也被视作旅鸟

大嘴乌鸦。
少见留鸟

秃鼻乌鸦。
常见留鸟

红胸秋沙鸭。
上海地区旅鸟

金斑鸻。
旅鸟，可见于5月

禾雀。

迷鸟，在上海行踪不定

黑尾蜡嘴雀（雌鸟）。
留鸟，6月里忙着筑巢

黑头蜡嘴雀。

旅鸟，4月、5月及11月可见

雕鸮。
留鸟，但非常少见

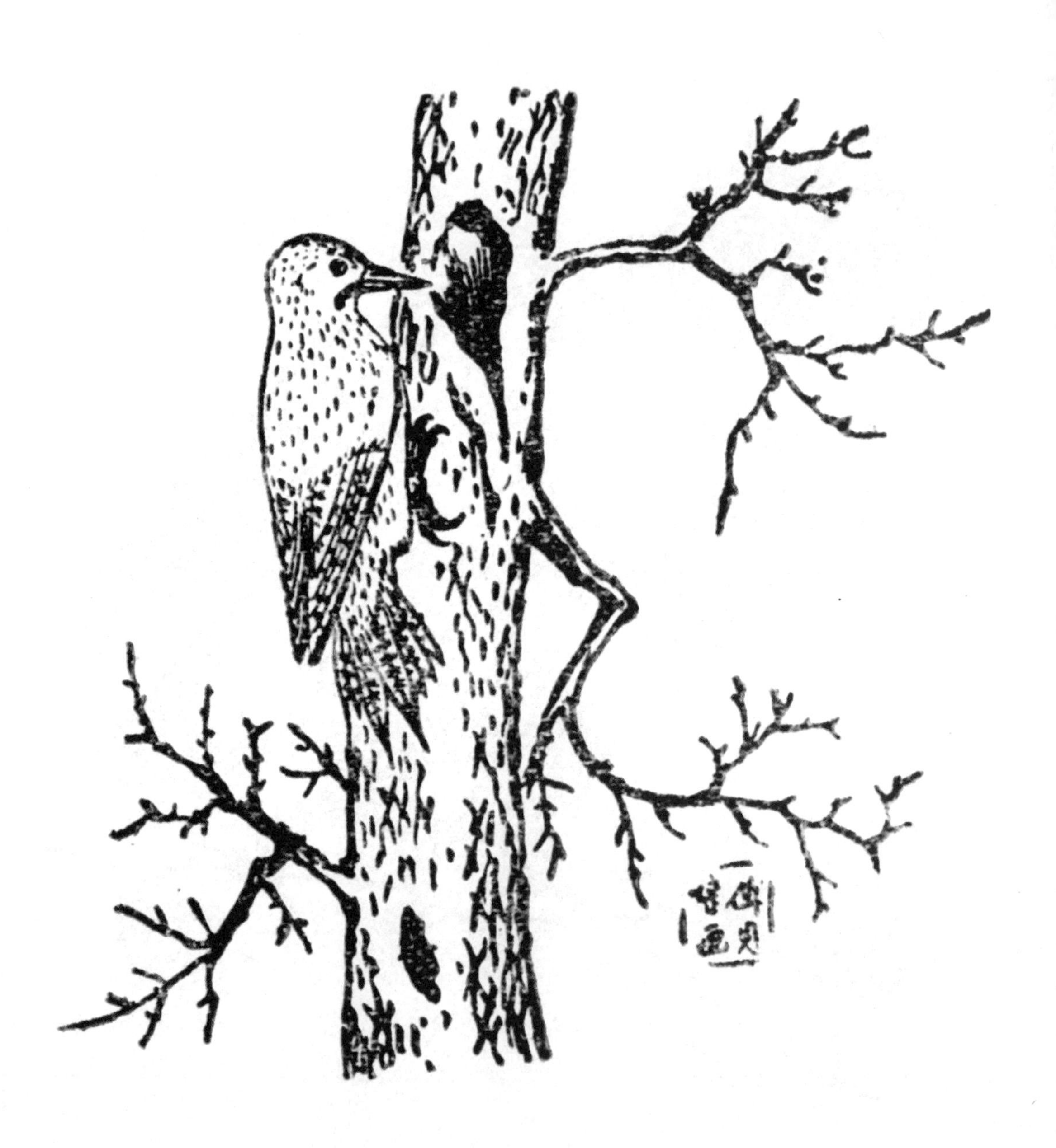

灰头绿啄木鸟。
留鸟，注意其尾巴与爪子的位置

理氏鹨。
偶尔于初秋可见的旅鸟

红脚鹬。
可见于春、秋季的旅鸟

红喉歌鸲。
可见于5月及10月的旅鸟

红角鸮。
旅鸟，常见于船上

短耳鸮。
冬候鸟

上海郊外的春花与鹊巢

夏日荷池

秋日落叶

冬雪中的上海郊外

以上图片出自《上海观鸟月历》

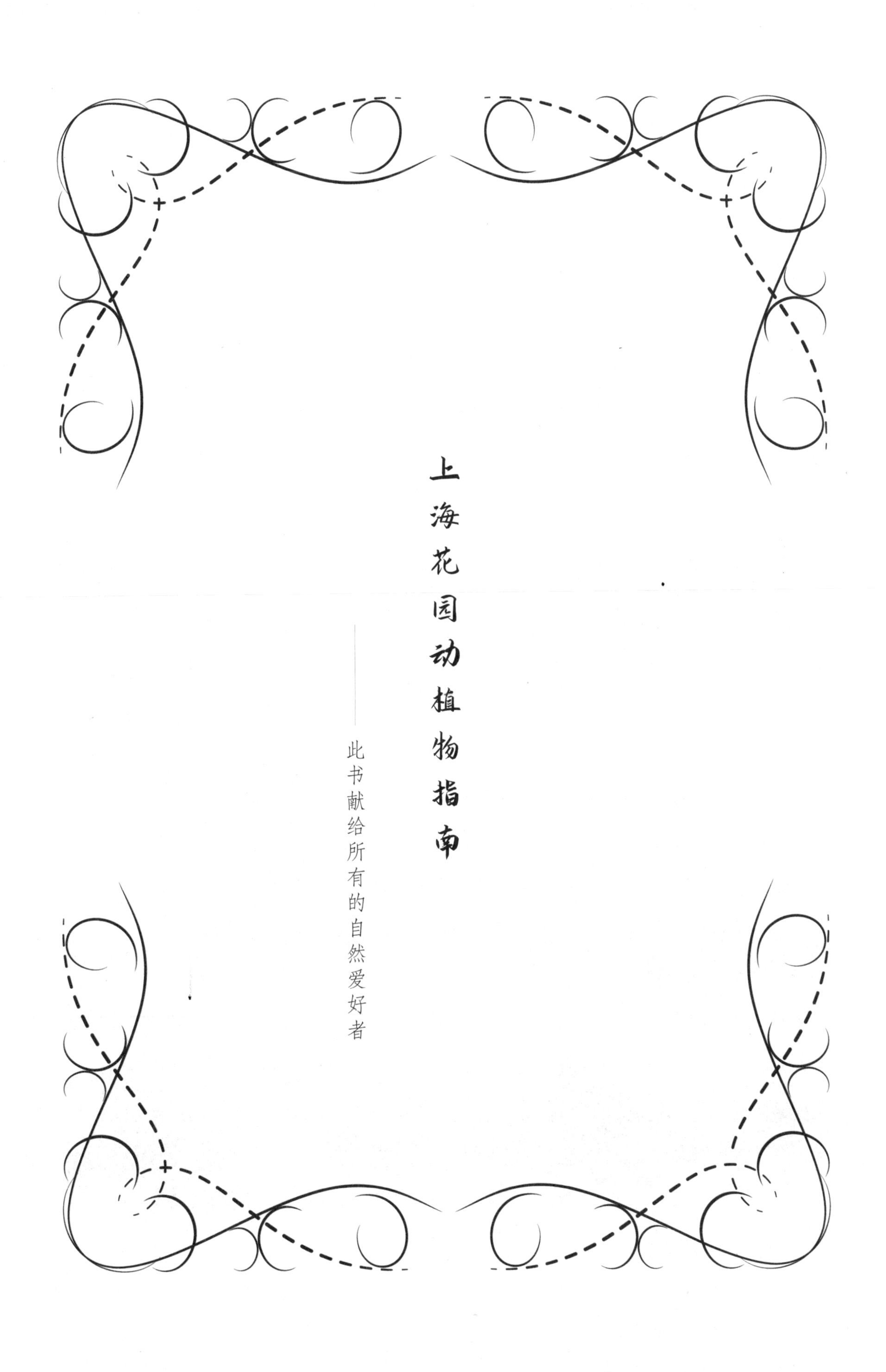

上海花园动植物指南

此书献给所有的自然爱好者

图1 作者花园一角

作者自序

由于身体原因，我已有多年未能进行我喜爱的郊游了，好在我有一个小花园，得以继续我的自然研究。小花园教会了我许多，其中一些心得就包含在下文中。这些章节曾在1938年夏秋之际，以《博物笔记》为标题，初次发表在《字林西报》上，写作的原委也在《乡村日记》的两份摘录中有所阐释。希望这些内容出版后，可以对上海居民研究自然有所帮助，毕竟大自然才是最好的书。只要你愿意，你可以在自家门前的花园里拥抱大自然。

感谢《字林西报》允许我以这种形式出版《博物笔记》，也感谢《中国杂志》[1]给予的插图。

苏柯仁

上海，1939年5月

①由苏柯仁于1923年发起创办，原名《中国科学美术杂志》（*The China Journal of Science and Arts*），后改名为《中国杂志》（*The China Journal*）。是近代西方人在华创办的最重要的汉学杂志之一。——译者注

乡村日记 1

因E.S.威尔金森先生即将回英格兰度假，今天的《乡村日记》将是他为我们带来的最后一期更新。我们都希望他回来时能重拾起这份工作，带大家领略奇妙的乡村。威尔金森先生目光敏锐老练，写作风格简洁大方，笔记魅力十足。在今天的文章中，他讲述了自己是怎样被劝说着接受了这项工作。当时，苏柯仁先生说威尔金森先生是这工作的最佳人选，这无疑是很得当的推荐。如今苏柯仁先生成为威尔金森先生的临时代理人，大概也是一种浪漫的天意。我们愿威尔金森先生能度过一个快乐的假期，好好休养近来的疲劳，并希望他能在回归后，继续这份在过去四年里一直给人们带来乐趣的工作。至于苏柯仁先生，我们已无需向本报读者做过多介绍，这些年来他一直在这一领域的期刊上发表顶有趣的文章。周一开始，他将着手《博物笔记》每周一、三、五的更新。读者们应该会对他们接力提供的内容保持兴趣，因为惊人的事实是——即使普通人对自然知之甚少，也始终会被其深深吸引。

编辑

《字林西报》

1938年5月27日

乡村日记 2

5月26日

我想这个故事应该在回英格兰之前就讲给大家听。大概四年前，四位男士在上海俱乐部碰面，讨论起自然历史（而非八卦丑闻）。我们交流着各自的经验，其中一个人问："为什么不找个人用记日记的方式来保存自然界发生的所有小事情呢？"我们被这一话题吸引。因为我会定期郊游，苏柯仁、佩顿-格里芬[①]和亨利·吉布森[②]都选我来做这件事。于是我接下这份工作，这些年来定期记录下我在大自然中的所闻所见，有的有趣，有的哀伤……有的甚至是悲剧式的。我的文字忠实于我的眼睛，只为免成为贫瘠的叙述，加入了少量修饰使其成文。今早，我伤感地告诉自己："如今我将启程回家，将这份工作交到他人手上了，我应该在日记里写什么呢？"这时，窗外花园里一只只鸟儿激动地飞过草坪……乌鸦的尾部翘起，麻雀高昂着它的头颅，喜鹊们也发出警告的叫声。草坪中央出现一条长而黑的身影，突然将它的头抬起6英尺（约1.8米）高，似乎在警告着所有包围着它的鸟儿们。那是一条相当大的水蛇，或许要偷窃鸟蛋，遂引得所有鸟儿奋起反抗。妻子怕蛇，我出去想将它赶走，但它溜得很快，很快就消失在了乡村里。这个时候我突然意识到，我还在思考要写什么时，《乡村日记》已经将自己写好。这一故事就是为了告诉大家写《乡村日记》并非难事。现在，我要和我的日记告别了，或者说只是"再见"。另外，我的妻子也见到了那条蛇，她可以随时就此作证。

E.S.W.

①拉尔夫·托马斯·佩顿-格里芬（Ralph Thomas Peyton-Griffin，1888—1950），英国人，《字林西报》编辑。——译者注

②哈里·吉布森（Harry E. Gibson），曾任职于皇家亚洲文会上海博物院，负责钱币及考古部门。——译者注

目录

发光虫和萤火虫

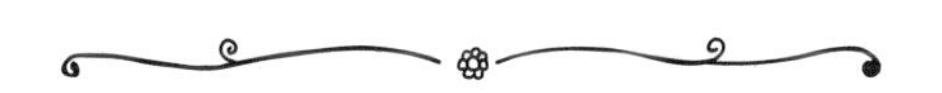

5月30日

若你能找对地方，那很容易便可在英国乡村的温热夏夜里看到发光虫。那是一种萤科甲虫的无翅雌萤，许多观察者认为，它们发出奇特的无热磷光是为了吸引雄萤。发光虫的雄萤虽然会飞，但发光能力要弱上许多。在中国的大部分时间里，我都是个“四处游荡的博物学家”，我遇到过许多萤火虫，却从未在这遇见过一只发光虫，直到前些天的一个晚上。那天，我在花园散步，被金鱼池旁草地上一道淡绿色的光吸引，仔细一瞧，发现那是一只货真价实的发光虫——白色的分段蛆状生物，尾部散发的光芒引人注目。可以想见，那一刻的我是怎样欣喜！我觉得它是花园的宝贵财富，就把它留在了那里，即便是为了科学研究，也不想将它作为标本收集保存。

值得一提的是，萤火虫与英国发光虫虽同属一科，角色却有调转。可能是为了吸引雌萤，萤火虫的雄萤发光更亮。雌萤也会飞，所以可以追寻雄萤的光。萤火虫和发光虫，都在腹部倒数第二节闪烁发光，其光忽明忽暗，显然受萤自己控制，只是控制方式尚不为人所知。

晚上，我查看了一些关于萤的资料，了解到萤科不同物种的发光能力千差万别。有些物种的无翅雌萤会发出更多的光，有些物种则雄萤更多。多数情况下，幼虫也会发光。那么问题来了——为什么这些奇特的小昆虫会发光。为了吸引异性？若是如此，那为什么未成熟的幼虫也会发光？如果不是，那它发光还有什么其他作用？显然，迄今还没有能让科学家们满意的答案。但我们愿意相信，这些流转于暮色的枝叶间，亦或舞动于灌木梢的漂亮的淡绿色光点，是小昆虫的爱情灯塔，是向它无光的伴侣发出的位置信号——这只不过是生意盎然的自然界中又一个生动的例子，没有它，生命将无法延续。

一种奇特的药用植物

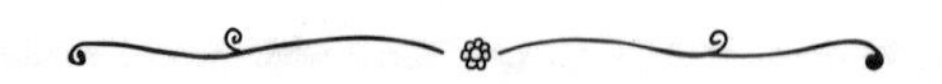

6月1日

花园里的鱼腥草开了，让我忍不住再次提及这种美丽的野花。5月21日的《乡村日记》曾谈论过此花，5月23日刊登在了本报上。可巧的是,《乡村日记》的作者收集到这一有趣花朵的那个早晨，正好来参观了我的花园。当我得意地给他看我花园里蕨类植物中依偎的白色花蕾时，他马上翻过了大衣领。我看到了纽扣眼里别着一朵盛开的鱼腥草，正是他早上在乡间寻觅到的。

5月25日，我的花园里开出了第一朵鱼腥草花。同一天，上海公园的监管员W.J.科尔先生来参观我的景天，我带他看了这朵鱼腥草。他告诉我，他在胶州路公园里种植了一整畦这样的植物，如今开得正好。他还谈到这种植物极具药用价值，如何声名远扬。这自然又增加了我对鱼腥草的兴趣。上海周边的乡村里肆意生长着许多鱼腥草，但大众对其很陌生。熟悉其药用价值的中国人称它为“蕺”，而日本人则称之为“Do-kou-dami”。它的心形叶子中含有一种重要的挥发油“甲基正壬酮”，中国人用这种叶子治疗各种皮肤病。

这涉及了植物的一般药用属性问题，主题过于宏大，无法在此讨论。值得一提的是，中国人对草本植物药用价值方面的了解，远超我们的认知。近些年来，西方医学界确实清醒地意识到了可以从中国古代药材中学习到很多，尤其是收录了八百多种植物药材的最重要著作《本草纲目》。这为研究中国的野花增添了不少趣味！花草的美丽之外又多了一层新的实用性意义。在这座城市周围的田野和乡间小道上，生长着一大片所谓的杂草，中国的本草家们将它们收集起来，纳入许多药方中，这些药方起作用的概率也令人称奇。

上海蛇类

6月3日

一周前，我收到一条4英尺（约1.2米）长的蛇。寄方要求我提供一些信息，查明此品种是否有毒。每年夏天，我都会收到十几种这类标本和类似问题，答案则几乎无一例外都是否定的。这次收到的蛇曾在康定路的一栋住宅引起了轩然大波，它从花园溜进房子内，占据了电话机这个战略位置，切断了女主人与外界的联系。但有人听到了女主人绝望的呐喊，上前营救，那人在蛇的头部狠狠猛击了几下，将其赶走。不过大家不必惊慌，因为这条蛇属于完全无害的物种，名为黑眉锦蛇，在伦敦动物园爬行动物馆长E.G.布伦格先生（E.G.Boulenger）最近出版的精妙绝伦的《世界博物》(*World Natural History*）中，将其称为条纹蛇。书中称此蛇几乎遍布东南亚，其中应当也包括了东亚，因为这种蛇的分布范围一直延伸到中国的满洲里。我曾在鸭绿江北岸获得过一个样本。这种漂亮的蛇呈橄榄般的浅绿黄色，可依靠其背部下方的黑色梯状纹和横跨眼睛的黑带来识别。它有着优雅的长头和细长的脖子，体长可达5英尺至6英尺（约1.5米至1.8米），经常在水田和小河岸边活动。它是个游泳健将，常从小溪的一边穿越到另一边觅食，渡水时，头距离水面几英寸（1英寸≈2.5厘米）。黑眉锦蛇在上海的花园里极其常见，尤其是在西区。因其为昼行性蛇，所以比赤链蛇更容易见到，赤链蛇本是我们上海最常见的蛇类，但由于在夜间活动，不常被注意。虽然这种黑眉锦蛇的外表和行为看起来都像毒蛇，但其实也是无害的。到目前为止，上海地区只有一种毒蛇记录在案——短尾蝮蛇，我们可以通过粗短的身体、明显的吻棱和三角形的头部轻松识别它。它的身体上通常有漂亮的不规则图案，绝非常见蛇类。至于致命的竹叶青蛇、中华眼镜蛇和银环蛇，它们的分布范围显然没有越过浙江北部的杭州市。

蚂蚁之战

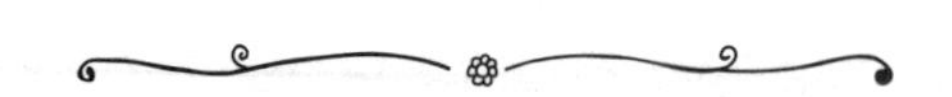

6月6日

前几天下午在檐廊喝茶时，我发现了一个叫我失望的事实——蚂蚁的社会化程度并不比人类高。当时我见墙顶附近有一块奇特的黑斑，便开始着手调查，发现这是一群蠕动挣扎的小蚂蚁。放大镜下，这些小动物正集结于一场殊死搏斗。它们聚集在那里，堆积了至少半英寸(约1.3厘米)深，成千上万的战士，每一只都忙于撕咬另一只的腹部或胸部，或者锯掉对方的腿或触角，它自己的身体也在被肢解。这里不存在心慈手软，也没有体恤同情，唯有屠杀而已。最激烈的战争发生在8平方英寸（约52平方厘米）砖砌的墙面上，从那里蔓延至四面八方，远处三五成群的蚂蚁，用下颚钳着敌方阵营的无助受害者。这些蚂蚁同属一个蚁种，所以我无法区分两方阵营，但战场两边都有蚂蚁源源不断地往返于墙顶裂缝的巢穴，显然代表着两个阵营。离开战场的蚂蚁们带着战士的遗体，而向战场转移的蚂蚁们则跃跃欲试、渴望战斗。两个蚁群之间的冲突明显已经爆发，可能是因为边界之争、绑架甚至领土侵略，它们效仿人类，采用了人类由来已久的解决争端的方法。正如前文所述，这令人非常失望，毕竟我们一直期望蚂蚁能有高度发达的社会制度。

承诺兑现

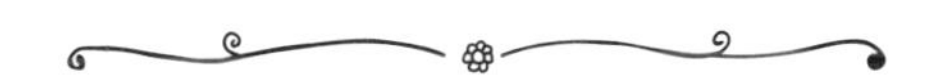

6月8日

今天，6月6日，一个承诺兑现了。去年10月下旬，飞机从我们的头顶呼啸而过，大炮在我们的北面和西面狂轰滥炸，地面不断地震动，强力的炸弹落在距离铁路线不超过半英里（1.6千米）的中国村庄和农田上。那是最黑暗的时刻，身处上海的我们似乎希望渺茫。承诺就是在那时许下的，承诺所有的恐怖和破坏都将过去并被遗忘，中国的“焦土”将再次绽放茂盛的花朵，结满丰硕的果实。那是令人神经紧张的一天的黄昏，我和妻子在花园散步，试图找回些内心的宁静。这种宁静能帮助人们度过那种危机时期。突然，我注意到暗处有个东西在闪着白光，走近一看，发现是朵盛开的栀子花。它赖以生长的灌木已有几个星期未曾开花，很难想象它能出现在那儿，然而它就在那儿盛开着，洁白、纯洁、可爱，是同类中我所见过的最完美的花朵。耳边是轰隆的炮声和机枪射击声，它却似乎在承诺一切都会好起来的，就像它在夜空下散发着香气一样，美丽的中国大地也将再次“玫瑰般绽放”。我读懂了这美丽的蜡白色花朵所传达的信息，转头看向妻子。这是希望的信息，以重振我们日渐衰弱的勇气，重振我们的信念，事情终将重回正轨，正义终将战胜邪恶。在随后的日日夜夜，那朵白花像一颗星星闪耀于绝望的黑暗中——那是对未来的承诺。

今早空气凉爽，我于花园散步时在同样的灌木上、在几乎相同的地点，发现了一朵灿烂的白色栀子花，它是这个季节的第一朵栀子花，与去年10月下旬出现的花朵相对应。它说着：“我的承诺已为现实。无论人类多么邪恶，无论他在地球上留下多么可怕的伤痕，大自然母亲都会消灭他的恶行，用青翠和芳香掩盖他留下的伤疤。我再次保证，一切都会好起来的！”

图2 栀子花

蚁蛛

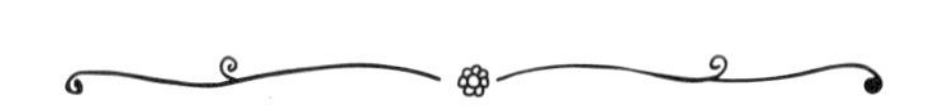

6月10日

在低等动物中，鲜有物种比蜘蛛更受大众厌恶，但归功于它们各异的形态与习性，蜘蛛又是所有节肢动物中最有趣的一种。它们各异的谋生手段令人惊讶。有的会用蛛网布下致命陷阱，有的会狡猾地隐藏起来等待猎物，还有的如狼蛛，真的会像狼一样捕食猎物。在温暖晴朗的日子里，我的檐廊上可以看到一种酷似蚂蚁的蜘蛛在等候猎物。因同蚂蚁过于相似，若不用放大镜，几乎难以将它与常出没于此的蚂蚁区分开。这种蜘蛛与大多数蜘蛛不同，没有多毛或天鹅绒般的外表，它的身体和大多数蚂蚁一样，是发亮的黑色或深褐色，大体形状也与蚂蚁相同。蜘蛛有八条腿，没有触角；蚂蚁有六条腿，通常有一对相当长的触角。蚂蚁在奔跑时会挥舞触角，将其作为感觉器官。而这种蜘蛛为了更好地模仿蚂蚁，常把最前的一对足举在空中，用六条腿奔跑，挥舞前腿的方式和蚂蚁挥动触角完全一样。人们不禁会问，这种拟态对蜘蛛有什么好处呢？答案就在这两种生物各自的习性中。大部分蚂蚁是食腐动物，而蜘蛛则是捕食飞虫的猎手，但要捕食活动着的飞虫绝非易事。蜘蛛若是蜘蛛的模样，就无法进入一些警惕的小生物的攻击距离内。而蚂蚁不攻击飞虫，所以虫子并不害怕蚂蚁，允许它们靠得很近。于是，蚂蚁模样的蜘蛛得以轻易接近目标，直到进入可以发起突袭的范围。突袭时，它才向观察者暴露了真面目，因为这绝非蚂蚁的动作。蜘蛛跳跃的距离是其身长的好几倍，速度极快，百发百中。那情形会让人联想到猫等猫科动物悄悄接近毫无戒心的猎物时的样子，一进入攻击范围，它们就会一跃而起，将猎物置于死地。

花繁叶茂的一年

6月13日

今年，我花园里的所有植物都繁盛非常，前所未有。在往返城里的路途中，我瞥见其他人的花园也是如此。早春时节起，花园里诸如婆婆纳、毛茛、紫罗兰、酢浆草和委陵菜等小野花就开得异常绚烂。紧接着，白丁香树被花朵淹没。之后开的是很多上海园丁口中的“山楂花”，但实际上是一种绣线菊，其灌木丛看上去像被雪覆盖一般。偎依在岩石底部的雪花莲也开得正好，之后盛开的虎耳草，俗称千母草，现在也仍在绽放。淡紫色的天坛花（Temple-of-Heaven）、蔷薇（特别是蔓性蔷薇或称“多萝西·帕金斯”[①]）、璀璨的黄色连翘、各种茉莉、山梅花和溲疏都开得繁茂。现如今，石榴树一片朱红，贯叶连翘（又称圣约翰草）火焰般金黄，栀子花灌木上开满纯白色花朵，散发着独特的香味。今年不仅花开得百媚千娇，枝叶也比往常繁茂，更为苍翠欲滴。人们只能小心别让花园变成一片热带丛林。枇杷树上结满的橙色果实与深绿色叶子相互映衬。人们自然会好奇起植物茂盛的原因。是因为今年的气候异常适宜？今年的湿度似乎比往年大，受北方和西北方吹来的恼人的干燥春风影响的日子也更少，但这些似乎并不足以解释今年枝繁叶茂、花团锦簇的盛况。我有另一个推测。去年秋天和初冬，一场相当激烈的战争在我们周围肆虐，四处都被狂轰滥炸，上海大片地区陷入了火海。连续几天，天空中战火烟雾弥漫。炸弹和炮弹形成的烟雾中，自然充满氮的化合物，这是大多数烈性炸药的主要成分之一，也是大部分化肥的基础。有没有可能在不知不觉中，烟雾中的硝酸盐、磷酸盐和其他化学物质溶于雨中，并随之降于整片地区，给土壤施肥，使其变得异常肥沃，从而长出前所未有的叶子和果实？若真是如此，那这又是一个自然介入、化人类恶行为益处的例子。

---

①美国的杰克逊和帕金斯公司自行繁育出的一个蔓性蔷薇品种。——译者注

昆虫奇观

6月15日

自从我开始写《博物笔记》，妻子就对出没于我们花园形形色色的动物产生了浓厚的兴趣。前几天，我做她的“私人导游”，带领她参观。我们带着放大镜，观察了各种微小的昆虫，包括苍蝇、蜂、蚜虫、蝴蝶、蛾、甲虫、蚂蚁和所谓的臭虫，以及各类大型虫的幼虫。在翻开一片紫荆叶时，我们有了重大发现。叶子背面附着着一个胸针般的东西，像是珠宝店里能工巧匠精心制作的作品。它的中间是串起的十几颗“小粒珍珠”，周围是一圈同等数量的“红宝石”，一颗紧挨一颗。凑近一瞧可知，这些“珍珠”是卵壳，每个壳的顶部都有一个圆孔和一个相应的卵盖；而这些“红宝石”则是一些半翅目昆虫的幼虫。这些幼虫呈菱形，体积是孵出它们的卵的三倍。它们身上有红白相间的条纹，夹杂着一些黑色和黄色。每只小虫的头都朝向那串空壳，与其几乎相触，保持完全静止。这是我在昆虫世界里见过最美的事物之一。当天下午，我又去瞧了一眼我的宝贝，发现这些小昆虫仍旧一动不动。第二天和第三天上午都是如此。但是，到了第三天中午，我翻开叶子，惊奇地看到一些近乎黑色的昆虫，体积至少是先前所见幼虫的三倍大，还有一只昆虫与其他一样大，但身上有红白相间的横条纹。这些昆虫不似幼虫那般处于休眠状态，反而非常活泼，很快就四散奔逃，只留下那串珍珠般的卵壳附着在叶子背面。其实最早是一只成年雌虫将自己的卵藏在了这个安全的地方，让其孵化。刚孵化出的幼虫柔弱无依，它们会迅速变大，直至其外壳变硬，然后在卵壳周围占据一席之地静候第一次蜕皮。它们或许是将喙（半翅目昆虫的特征）插入叶子的软组织，以吸取叶子的汁液为生。一段时间以后，它们的背部皮肤裂开，身子从空壳中探出，柔软的身体又一次迅速变大，直到外壳再次变得坚硬，这一次，它们在与空气的接触中变成了黑色。尽管仍不能飞行，但它们的足已然发育得很好，可以在野外生活。它们必须经过进一步的蜕皮，才能变成所谓的成虫。但是，这些小东西从卵中孵化出来后，为什么会变成我们发现它们时的那个姿势，又为什么在近三天的时间里一直保持着静止，就是昆虫界众多未解谜题之一了。

“极权主义国家”

6月17日

蚁群、蜂群和白蚁群的政治秩序，在现代术语中被称为“极权主义”，这一点毋庸置疑，但这并不意味着它们由独裁者统治。相反，除了产卵的蜂后或蚁后，种群中没有哪个个体可以凌驾于它的伙伴之上。就算是蜂后与蚁后也并不行使管理职能，它们能做的仅仅是产卵、进食和产更多的卵，循环往复。有繁殖能力的雄蜂地位也没有多高，不能行使什么至高无上的权力，很多时候，尤其是蜂群中，雄蜂还可能被中性的工蜂杀死。但即使没有统治者，蚂蚁、白蚁或蜜蜂甚至其他蜂群都在不可抗拒的规则和原则支配下，以最稳定的秩序、最高的精确性和最严格的纪律运作着。单只蚁或蜂没有行动上的自由，其个体利益也不会被考虑——为了种群的利益，它们必须牺牲一切。当今一些奉行极权主义原则的国家所设想的意识形态就是如此。我们必须承认，在战争和征服方面，没有比这更好的制度了，最近我家檐廊上发生之事就是极佳的说明。一群好战的蚁群似乎在那里实施领土扩张计划，它们已经打败并摧毁了檐廊上的两个蚁群，目前正在“扫荡”屋内已经建立的第三个蚁群。可怕的战斗已在角落持续了好几天。战斗人员似乎以工蚁为主，偶尔出现一只兵蚁，兵蚁比工蚁更大更强壮，但战斗力并不比工蚁强。因战时无法进行普通的觅食，死去和垂死的蚂蚁就成了紧急时期的食物，被胜利者带走。战争的最终结果自然由两个蚁群的相对数量决定，但在这场无情的战争中，胜利者也必须付出惨痛的代价。在我看来，消灭害虫的最佳方法就是让它们自相残杀。如果有必要，我将会在适当的时候处理那些幸存者。

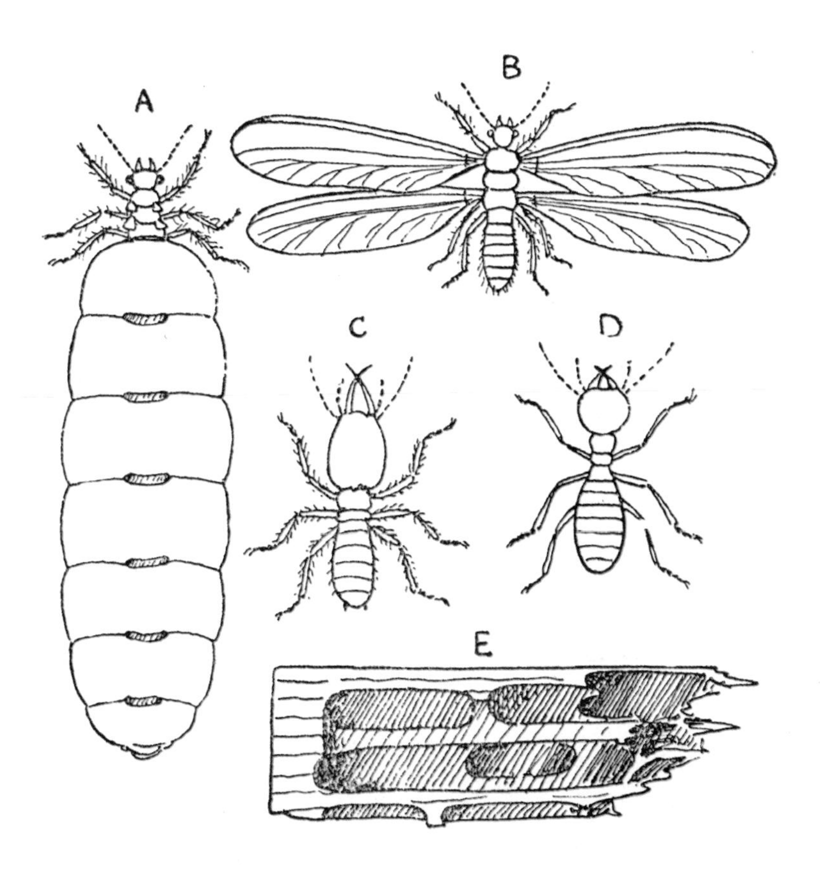

图3 白蚁。"极权主义国家"的公民

A. 蚁后；B. 雄蚁；C. 兵蚁；D. 工蚁；E. 被白蚁蛀蚀的木材

蚂蚁之战的终结

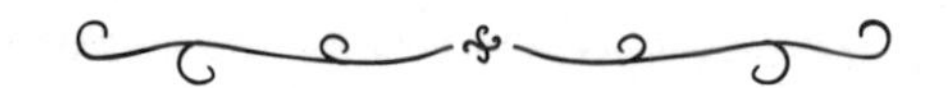

6月20日

我终于写完了蚂蚁之战的最后一章。过去几天，它们依旧在我家檐廊上鏖战，直到远超它们控制的力量介入——一位过分热情的用人和一场倾盆大雨，双方的战斗人员最终无一幸免。暖和的月份里，我们会在作为主战场的玻璃门廊用餐，用人用扫帚扫净了地板上的蚂蚁。而喷水口突然溢出的水又淹没了廊子的开敞处，切断了侵略蚁群的交通线，也冲走了从基地赶往战场的增援部队。我十分感兴趣的一个自然现象就此落幕。结束这个话题之前，我想记录一件事。发动第二次突袭前，也就是几天前，进攻的蚁群更换了住所，从檐廊边缘裂缝中的旧巢搬到了附近的一个大花盆里。我观察到一群蚂蚁从裂缝中涌出，沿着花盆的边沿，钻进花盆中的一个圆洞里。这些大多是工蚁，叼着大小不一的白色小东西，细看可知是卵、幼虫及蛹。此外，还有些许兵蚁，和时不时出现的多少有些膨胀的蚁后。工蚁陪伴着蚁后，似乎在帮助蚁后前进，前拉后推，就像人们帮助一位肥胖的女士爬山。这一幕让我想起小时候，我在中国内陆也看过这样的蚂蚁迁徙。当时农民们告诉我，这是将要下雨的标志。后来我在中国其他地方从事动物收集工作时，证实了这样的蚂蚁迁徙确实预示着大雨。眼下的情形也是一例，因为这次蚁群的迁移正好发生于上海前所未有的连日阴雨之前。如果我们这个蚁群仍然留在原住所，它们必然会被淹死；但是它们迁徙到了地势较高的新巢穴，不但避开了雨水，甚至能对第二个和第三个蚁群发动攻击。我不禁怀疑，蚂蚁的侵略政策是否是因为需要在大雨逼临时，建立某个更安全、更有庇护的巢穴。此外，推测蚂蚁是如何得知临近的灾难性天气变化，也饶有趣味。它们没有徐家汇天文台提供的天气预报，但肯定在某种意义上对气象条件很敏感。

老虎的克星

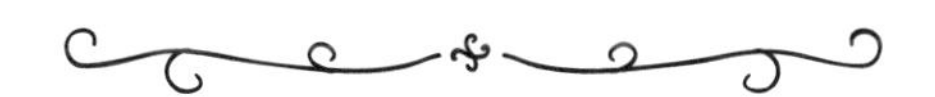

6月22日

老虎威风凛凛、身覆皮毛，它是满洲森林的主宰，也是当今世界上最大的猫科动物。据记载，该物种有标本重量达600磅（约272千克），从鼻尖到尾尖的长度达14英尺（约4.6米），比印度虎的记录长了2英尺（约0.6米）。要知道，动物展览或动物园里看到的最大老虎一般不会超过11英尺（约3.6米），体重在350磅到400磅（约159千克到181千克）之间，很多还没有那么高大，却也已经让我们庆幸有粗壮的铁栏杆隔在我们和老虎之间了。在满洲森林里，老虎的敌人除了会用步枪、毒药和陷阱的人类，就只有野狗。野狗即印度德干高原豺的北方代表，吉卜林①的《丛林之书》中，大象哈蒂和老虎见到豺都会避而远之。野狗像豺一样，成群结队猎食，它们会捕杀一个地区的所有猎物。若有群野狗入侵某一区域，那些成功逃过它们猎杀的鹿和野猪就都会迁走。这意味着有些时候，野狗会受饥饿所迫。如果在这时，它们意外发现了老虎的踪迹，就会毫不犹豫地跟上这只巨大猫科动物的脚步，一旦追上，立即发起攻击，采取类似游击的战术。追击战开始，野狗们用凶狠的獠牙在老虎的侧腹和后背上撕咬，但会小心翼翼地回避正面攻击——老虎的前爪能以猫科动物的速度和准确度进行攻击，其强有力的下颌一声作响，就能将最大的野狗碾碎。一旦老虎转身冲向它们，它们就四下散开，之后再集结起来，从两侧和后方夹击老虎。野狗有数量优势，可以轮番攻击，在一些狗休息时，一些继续侵扰，但老虎没有喘息的机会。结局已经注定。尽管老虎威武活跃，但也会在徒劳无益的努力后精疲力竭，这时，野狗围上去将其肢体撕成碎片，一片片吞食。当然，野狗也会在这场战斗中受伤，可能还会有几只殒命，但大多数毫发无损，很快就准备好了进一步掠食。最后，老虎只剩散落的残骨，讲述森林中最凶猛、最强大的动物被打败的故事。

①约瑟夫·鲁德亚德·吉卜林（Joseph Rudyard Kipling，1865—1936），英国作家、诗人，1907年获诺贝尔文学奖。——译者注

图4 森林之王

自然界中的残酷斗争

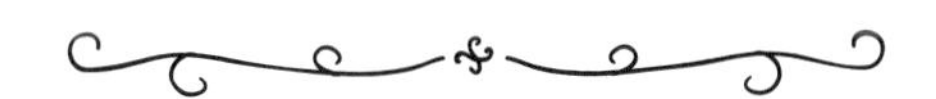

6月24日

生物为了生存，要进行方方面面的激烈斗争，这是大自然中叫我印象最为深刻的事情之一。这些生物不仅要同自然条件作斗争，还要与同物种或其他物种、科、目的生物进行无尽斗争。植物之间的斗争和动物之间的同样多。年复一年，我目睹这些在我的花园中上演。我花园里种植的那些灌木和树生长很快，花园已经从一片瓦砾遍布的荒地成了林中旷地般的地方。这些植物刚种下去时，都有充足的空间，但随着时间的推移，在上海沃土和有利气候的滋养下，它们大多已经长得面目全非，所需的空间越来越多，并互相挤占生存空间。生长较快的植物扼杀了其他植物，切断了它们生存所需的光线和空气。许多生长缓慢或较小的灌木在斗争中丧生。我无情地修剪了那些生长迅速的植物，设法在生命力较弱的品种中保留一些我的最爱，但即便如此，还是有一些没能存活下来。那些脆弱的植物与具有压倒性优势的植物作斗争的方式也令人惊讶，它们的嫩芽会从强壮邻居的叶片缝隙中抽出来，汲取充足的阳光，使它们细弱的茎和萎缩的根脉不会完全枯萎。有些植物，如某些爬山虎和竹子，蔓延得非常迅速，倘若没有我的介入，它们很快会成为整个花园的主人。爬山虎会顺势而上并笼罩在最大的树上，将其扼杀，而竹子则向四处伸出地下茎，在那儿快速地长出嫩芽，往往一天就能长几英寸（十几厘米），条件允许的情况下，很快就会把花园变成一片竹林。即使是低矮地面上生长的小植物，对空间、光线、空气和水分的争夺也引人注目。吊竹梅以其繁茂的叶子，与大叶落地生根那无数落地就生根的不定芽竞争，并总是能将大叶落地生根逼入绝境。从莫干山引进的箭竹草，像野火一样蔓延，并毁灭着其周围的一切。若不是它长得好看，我就要将其赶尽杀绝了。坚硬的蕨类植物的叶子在景天和石松上形成顶冠，结束它们的生命。在极其潮湿的天气里，霉菌和真菌侵蚀最坚实的灌木的茎，导致它们低垂凋谢。在自然中这般绝望斗争，意义究竟为何？也许，最好是不要寻求意义，而是接受我们所发现的大自然。显而易见的是，如果没有这种与生俱来的生存决心，并将生命的火花传递给有同样天赋的后代，那这个星球上的生命很快就会消逝。所以，这斗争看似残酷无情，但其实是生存的必需品，与这挣扎相伴相随、可为慰藉的，则是生的喜悦。

自然界中的合作

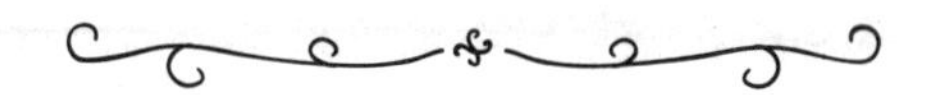

6月27日

过多地谈论这个地球上动植物之间无休无止的残酷竞争，并不能完全反映大自然的真实面貌。在生命及其进化史上演的大戏中，还有另一个规则扮演着它的角色，我们称之为“互助论”。早在1902年，克鲁泡特金①就在发表的同名著作中详尽而精辟地阐述了这一规则。他将此发现归功于首次呼吁关注此规则的动物学家凯斯勒②。在1880年俄国博物学家大会之前的一次演讲中，凯斯勒发表了关于这一自然法则的演讲。他提出，要想赢得生存斗争，尤其要想实现物种进化，互助法则远比互相竞争法则更为重要。就人类的进化及其攀登上生物界的巅峰而言，这一点也是毋庸置疑的。无论如何定义，善于与同伴联手躲避临近的危险和克服所面临的艰难险阻是人类的本能或能力——换言之，正是因为运用了互助法则，人类才成为了万物灵长。但地球上受益于此法则的生物，绝不仅限于人类，整个大自然中比比皆是。这项法则促使鸟兽形成了种群。草食动物，诸如马、牛、绵羊、羚羊、鹿等，群体本能无疑能帮它们更好地抵御肉食动物这一共同的敌人。狼和野狗这类的肉食动物，比起单打独斗或成双结对来说，成群结伙显然可以更好地追捕大型而敏捷的猎物。例如大雁和大鸨这样的鸟类，成群行动比单独觅食更安全，这是因为有许多双眼睛在保持警惕地东观西望，便于更好地察觉接近的敌人。不止这些，大自然中还存在很多完全不同物种动物间结成的互惠互利的伙伴关系。其中尤为特别当属鳑鲏和河蚌，但凡养过几对这种在上海的小溪中发现的小鱼和常见的河蚌的人都会见证它们的关系。当繁殖季来临，人们会看到雌性鳑鲏长出长长的产卵管，它们将产卵管插入河蚌的鳃部并产卵。在河蚌的安全保护下，这些鳑鲏鱼卵如期孵化，小鳑鲏游走并独立生存。河蚌帮助鳑鲏产卵，开枝散叶，与此同时，母鳑鲏不知不觉间也帮助了河蚌繁育后代。这些已经在河蚌母体的鳃腔中孵化出来的微小后代，即钩介幼虫，在雌性鳑鲏将产卵器插入河蚌时，通过其侧缘的钩，寄生在雌性鳑鲏

①克鲁泡特金（Пётр Алексе евич Кропо ткин，1842—1921），俄国革命家和地理学家，无政府主义的重要代表人物之一，著有《田野、工厂和工场》《互助论》等。——译者注
②凯斯勒（Karl Fedorovich Kessler，1815—1881），动物学家，曾任教于圣彼得堡大学、基辅大学，提出了生物进化之中相互援助的重要性。——译者注

的产卵器上。这些幼虫随着鳑鲏漂落到远离父母的地方，在全新而宽敞的环境中开始它们的新生活。我们还发现了另外一个有趣的互助例子，一种栖居在欧洲沿海水域的寄居蟹，常有海葵作为伪装附着在其外壳上。反过来，海葵也因以寄居蟹进餐时留下的残羹剩饭为食而受益。只有一意孤行认为大自然只有残酷竞争的人，才能无视这不胜枚举的动物互助例证，其他人都有目共睹。这种互助可给予如今的我们一些安慰，也足以让自以为是的人类汗颜。

大熊猫

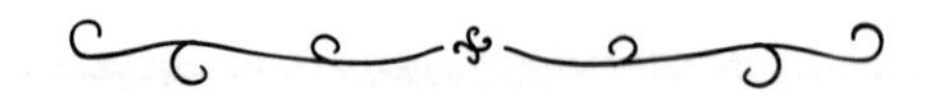

6月29日

几天前，一则来自长江上游重庆的新闻传到上海，称有人专门包下了一架道格拉斯客机，要将一批活体动物和鸟类从内河港口运往伦敦的动物园，经由香港中转。报道称，其中包含五只在四川西部汉藏边界的高原上捕获的成年大熊猫。全球对露丝·哈克尼斯夫人[2]的报道，让这种奇怪的动物如今家喻户晓。她当时在荒凉、人迹罕至的山间要塞亲手捕获到了一只活的大熊猫宝宝，将它带到了美国。这只熊猫被芝加哥布鲁克菲尔德动物园以8750美元的价格购得后，迅速成为美国公众的宠物。现今我们所知的这两种类型的熊猫，经历了漫长的演化与迁徙，在相对较小的高山地区找到了最后的避难所，主要分布在中国的西部、西南部、中国西藏东部地区和东喜马拉雅山脉。大熊猫在那里进化繁衍，外形上与熊的进化步调一致，而内部（即牙齿、头骨、喉部和消化器官）却逐渐适应起一种对于食肉动物而言尤为特别的饮食习惯——吃竹子，因竹子在它所居住的山区大量盛产。

①露丝·哈克尼斯（Ruth Harkness，1900–1947），美国人，服装设计师，曾来中国捕捉大熊猫，是首位将活体大熊猫带出中国的西方人。——译者注

图5 在纽约布朗克斯动物园的年轻大熊猫“潘多拉”

图6 F.T.史密斯先生几年前从中国西部带到上海的一只小熊猫

图7 皇家亚洲文会上海博物院展出的大熊猫和小熊猫标本

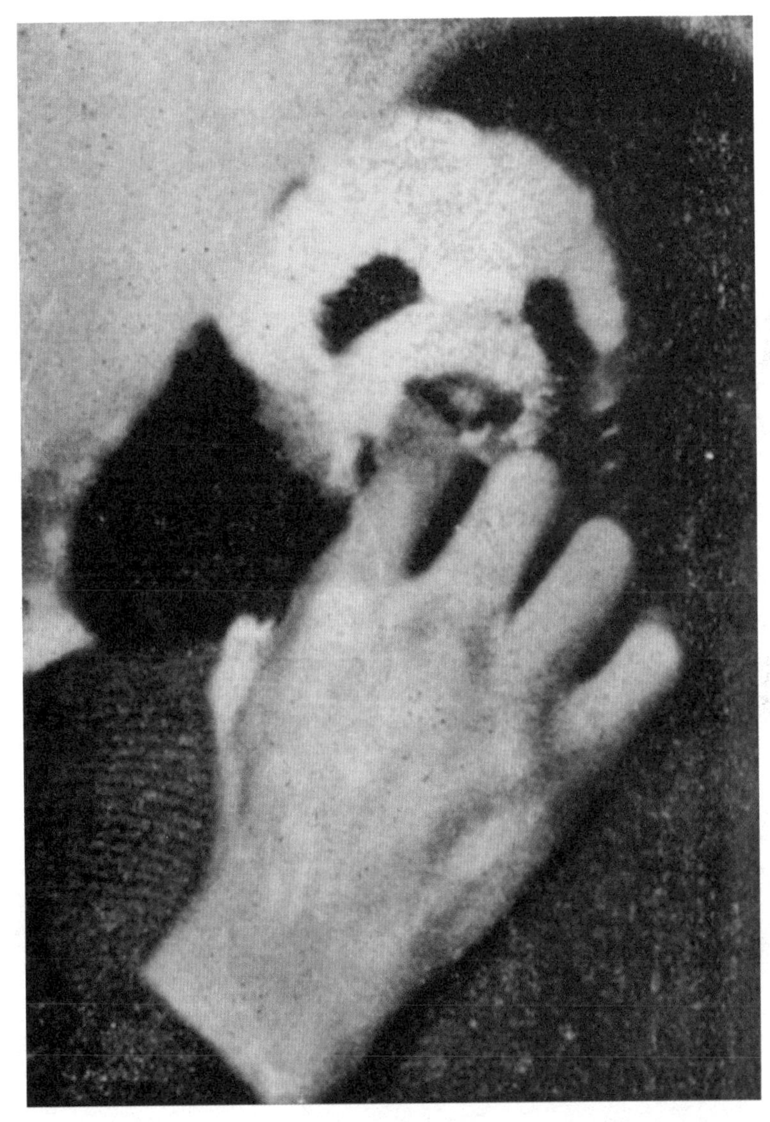

图8 露丝·哈克尼斯夫人带往美国的第一只大熊猫宝宝“苏琳”

关于蠕虫

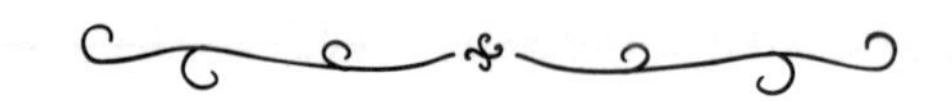

7月1日

意识到人类起源于蠕虫，多少有些丢脸。追溯起来，今天地球上包括人类在内，几乎所有生物的远祖，都曾是蠕虫或曾处于类似蠕虫的阶段，并持续了一段时间。我们不知道这种蠕虫究竟长什么样，但如果可以以当今世界上发现的不同种类的蠕虫为依据，选择就非常多了。那种蠕虫的形式一定极其简单，不像现存的蠕虫这般有所特化。几天前，朋友给了我一个装着条蠕虫的瓶子。那蠕虫外形特别，长0.6米有余，非常纤细，呈淡黄色，黏糊糊的，是我见过最不讨喜的东西。它的头部宽扁，像一个铲子，还有一条细长的尖尾巴，在瓶中蠕动时，黏糊糊的身体会紧贴在瓶壁上。我曾多次在上海周边的乡村遇见类似的蠕虫，但没能成功收集到一条活的——它们太脆弱了，每当我试图从地上收集它们时，它们就会碎裂。查阅博物书籍可知，这种长相怪异丑陋的蠕虫属于扁形动物门涡虫纲三肠目笄蛭科笄蛭属——人们似乎在一条普通的蠕虫上浪费了太多的分类和命名，但这就是头脑缜密的科学家们的分内工作，他们帮助这类特殊的蠕虫在井然有序的自然界中找到适宜的位置。我们可以称这种蠕虫为笄蛭。笄蛭的习性非常奇异，以我们花园里常见的蚯蚓作为日常食物。在所有的食物中，这种细长而脆弱的蠕虫偏偏选择了蚯蚓这样的强壮生物，真不知它们如何应对。但称职的动物学家亲眼看见并确认了这一事实。最奇怪的是，笄蛭的嘴并不位于头部，而是位于纤长身体的中部。它的咽部可穿过嘴延伸成一层薄皮，覆盖在挣扎的蚯蚓上，蚯蚓的组织逐渐被吸入它的肠道，导致笄蛭的躯体大幅膨胀。这个过程需要几个小时，在这之后，笄蛭可以三个月不用进食。我不知道上海的蠕虫具体是哪个物种，但肯定非常接近笄蛭。笄蛭的家园本是萨摩亚的森林，但以人类为中介引入世界各地，包括欧洲、南非、大洋洲，或许也有中国？如果不是的话，我就不知道如何命名上海的这种蠕虫了。

奇妙的蜕变

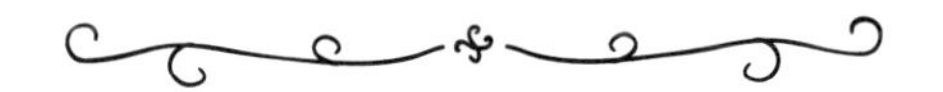

7月4日

如果有人问我自然界中最美丽的景象是什么，我想我会说，是蝉从若虫到成虫的蜕变。每年七月、八月，从晚上八点左右到午夜，你可以在上海任何一个有树的花园里观察到这一景象。要想获得最佳的观赏体验，你必须带着手电筒去搜寻树干，直到发现一个才从地上冒出来爬上树干、在便于观察的高处停驻休息的若虫。这个丑陋的小家伙佝偻着背，蜷曲着爪子，颜色脏得发黄，经常附着泥巴，看上去毫不起眼。然而，请注意看，这个小生物的胸部会突然出现一条纵向缝隙，在黄色的外皮下露出淡绿色的皮肤。然后缝隙逐渐扩大，一个淡绿色生物努力从开缝处挤出来。这过程难以道明，但转眼间，脆壳里的生物已经成功地探出头和胸部。两只珍珠般的眼睛在手电筒的光照下闪闪发光，它的身体越来越向后弯，这时你会想：为什么它没有失去平衡掉到地上。接着，它修长的腿以某种神奇的方式从若虫弯曲畸形的外壳中伸出，开始向各个方向挥舞，它们在寻找可以悬挂的地方。很快，一条腿接着一条腿向前伸，接触到树皮，钩在那里，渐渐地，它的头部和胸部再次向前拉伸，变成直立姿势。接下来一段时间，这个小生物看似静止，但实际上在慢慢从旧壳中抽出身体的后半部分，突然，它的腹部以几不可见的速度出现，一个全新的、柔软的、淡绿色的躯体停驻在空的蝉壳上。短暂休息后，它开始爬行，直到寻求到进行最后阶段蜕变的更安全的场所。这时在蝉的胸后可见两个突起，这是它的翅膀，此刻皱巴而干瘪。但很快你就会发现，突起正在慢慢膨胀，复杂的褶皱被拉直。突然，这个过程加速，未及察觉之时，成虫修长而成熟的蕾丝状翅膀就长出来了。一个真正的奇迹在你眼前展开，不久前自然界最丑陋的东西之一，现在却出落得如此完美，难以用言辞形容。这种近乎空灵的美丽，在于它碧玉色的虫体和轻盈的翅膀、翅膀上细腻的纹路和乳白色的膜。但不久后，蝉的虫体和翅膀上的血管由于在空气中变硬而开始变黑，到了早晨，这只成虫已经可以起飞，去开启充满光明、爱与歌声的缤纷生活。这是它作为丑陋的爬行若虫在黑暗的地下生活了约十三年换来的短暂回报。

蝉之歌

7月6日

7月1日开始，我就在等待着蝉鸣，那种黑色的大家伙学名“蚱蝉”，通常在7月1日到美国独立日（7月4日）之间的某个时间出现在上海地区。上海至少有五种蝉，有前文提到过的约8厘米带翅膀的蝉，也有不足3厘米长的翠绿色小蝉。截至本文撰写的7月5日，我仍旧没有听到黑蚱蝉的叫声。尽管在7月2日，我在花园里发现了蝉幼虫刚脱落下的壳，或更恰当地称为若虫刚脱落的壳。今年的蝉似乎未按规律出现，这自然归因于我们经历的异常天气状况。六月初，我听到了一种较小的蝉发出的鸣叫声，这种蝉通常六月末才会出现。我的朋友亨利·E.吉布森先生在六月中旬左右就告诉我，他的花园里发现了这种蝉的蝉蜕，以及它们从地面钻出来时留下的小圆洞。写下这些文字时，房子周围树上正传来的几只这种小型蝉的刺耳叫声。据我在上海多年的观察，大黑蚱蝉的鸣声通常出现在七月第一个真正的热天，这一天通常是在7月4日。人们对此深有体会，尤其是社区里的美国人，他们有一种印象：我们的蚱蝉正在庆祝独立日。这或许是因为，蝉的幼虫需要在地下度过十三至十七年的惊人现象正是在美国被发现并证明的。所以在美国，还有种蝉被称作“十七年蝉”。虽不能说远古之时起，人们就开始赞美蝉了，但它确实引起了人们的注意。它从地下钻出，在树上鸣叫，从一个没有翅膀的丑陋生物进化成美丽动人的生物，这一过程似乎充盈着“生之喜悦”，使其象征意义高于其他所有生物。古希腊的诗人们写下赞美的诗句，哲学家们视其为不朽的象征。

对于中国古人而言，早在公元前15世纪左右的商代，蝉就具有了特殊含义。人们描绘它的模样，将其作为骨雕和青铜器上最常用的装饰图案之一。至汉，蝉被雕刻在玉石上，并在下葬时放在死者的嘴里，据说象征着在未来重生。法国著名博物学家法布尔在一个世纪前曾写就蝉的生存史，所有读过的人都会同意，蝉是一种极有趣的昆虫。

图9 大黑蚱蝉

图10 蝉蛹

寿带鸟

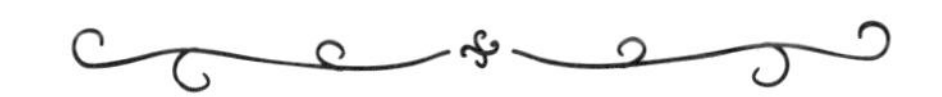

7月8日

今天（7月7日）的《字林西报》刊登了一位记者的来信，咨询一种奇异而美丽的鸟，说是他在虹桥苗圃所见。根据他提供的描述，上海地区可完全对应的鸟只有中国寿带鸟，尤其是信中说那鸟儿有着12英寸（约30.5厘米）长的尾巴。可惜这位记者认为他所见到的鸟儿并未收录于威尔金森先生的《上海鸟类》一书中，而书中却有收录寿带鸟，且提供了一张很好的彩色图版（第97页，图版八）。这种情况里几乎共通的麻烦是，除了训练有素的观察家，其他人很难准确描述在大自然里遇见的鸟类。每个人所见都不尽相同，尤其是对颜色的见解。一个人眼里的蓝色，可能被另一个人说成绿色、淡紫色，甚至是灰色，且他们说的都有道理。远距离看到的颜色会根据光线不同而呈现出不同的色调。此外，人们看到的颜色也确实会有不同。信中如此描述虹桥苗圃所见的这只鸟："转眼间就能看到一个蓝色的小脑袋，短喙，纤细的体形和最绚丽的洋红色尾巴，足有12英寸长，约2英寸（约5.1厘米）宽。"寿带鸟的头是深蓝色的，近乎黑色，喙（不是很短）是明亮的蓝色，胸部是灰色的，背部、翅膀和长尾巴（12英寸以至更长）在我看来是艳丽的红褐色或棕红色，而且，如前所述，它是这个地区唯一这类大小并以此描述的长尾巴鸟。每年这个时候，它们总在上海地区成对出现，雌鸟较雄鸟尾巴更短，颜色也不那么丰富。该物种最有趣的地方在于，成熟雄鸟有两种色形。白色型雄鸟除了头部外，通体为纯白羽毛，飞羽和长尾羽有黑色羽干。头部的颜色则与红色型一样，都是有光泽的蓝黑色。毫无疑问，白色型的鸟儿为该物种赢得了"天堂鹟"（Paradise flycatcher）的称号，因为这些鸟儿从一棵树飞到另一棵树上寻找食物或求偶时极美，没有事物能与之比肩。

蝉的发声器官

7月11日

我坐在门廊上，望向洒满阳光的花园，听着不同种类的蝉放声歌唱，我能从中分辨出至少四种蝉鸣。最引人注目的大概是大黑蚱蝉的长鸣，这种尖鸣会持续半分钟到一分钟，歇一会儿，然后再次开始。顺便一提，在今年7月6日，也就是这个月的第一个热天，我在朋友的花园里第一次听到这一物种的叫声，两天后，7月8日的傍晚，我才在自己的花园里听到这种蝉鸣。鉴于有些蝉在第一次蝉鸣之前两三天就已经钻出地表了，我倾向于它们并不是因七月的大热天才钻出地表的，而是只在溽暑逼人时，才会开始歌唱。显然，这类蝉在六月底或七月初开始从地下钻出，历经奇妙的羽化，成为成虫，但只有温度够高时，才会刺激它们的腺体分泌物或激素，从而唤起它们的激情一展歌喉。因此，直到夏天第一个真正热天来临时，我们才会注意到它的存在，如前所述，这一天通常是7月4日。这一地区发现的其他种类的蝉也可能有同样的情况，只是日期不同，早于大黑蚱蝉出现的时间。最后，我们还可以说说这些外号“磨剪刀机”（scissor-grinder）的昆虫是如何发出那闻名于世的噪音的。雄蝉腹部有两个并排的空腔，两个空腔由两个称为“膜盖”的大板覆盖。每个腔室里面都有一层绷紧的圆形或椭圆形的“鼓膜”，附着在其边缘的肌肉可带动它振动，并发出声音，而这声音又会被另一个名为“镜膜”的更大的圆形膜反射回来，音量因此一定程度增大。这些器官所在的空腔，和覆盖它们的膜盖无疑分别起着发声器和共鸣板的作用，进一步放大声音，使其从体内发出时已有相当大的音量。可以说，在蝉的这种奇妙装置中，大自然提前约一亿年发明了电话、留声机和口述录音机的麦克风。毕竟蝉是一种极其古老的昆虫，我们也没法证明，它一开始不具备这样的发声能力。

上海地区的动物群

7月13日

对所有拥有小花园的人，和有时间去公园或去周围乡村散步的人来说，上海都是研究自然的绝佳实验室。首先，这里植物品种繁多，本地的和外来的都能找到，而且所有植物都在长江三角洲肥沃的冲积土壤中长势良好，因此仅就植物学研究而言，几乎难有哪里可以与这里比肩。不过这里没有丘陵，缺少生长在岩石上的植物，但是研究植物的学生只需向西行20英里（约32千米）即可到达佘山，佘山山脉从溪流交错的平原上突兀而起，呈现出中国东部丘陵和山区的典型植被风貌。其次，这一地区丰富的植被又为同样庞大的动物群提供了养料和庇护。人们可以在这里找到北温带常见的几乎所有动物分支的代表，甚至一些热带或亚热带的动物也向北延伸到了这一地区，像是近年在上海境内捕获的穿山甲。黄浦江上海段，远至闵行甚至东厘庙的河道上，不时可以捕获远洋蠵龟和印度江豚。在当地的鱼市上，人们经常售卖引人注目的长江剑喙鲟和真正的鲟鱼，吴淞江也有捕获到同样引人注目的大鲵。几乎每年夏天，都会有人在上海黄浦江边捉到扬子鳄，它们显然是随着西太湖和太湖的水流来到了这里。上海附近除了公牛、水牛、猪、马、骡子、驴、绵羊和山羊等家畜外，没有食草动物和有蹄动物的代表，但在不远处的乍浦和海盐的山上，可能会发现小麂。沿着沪宁铁路走几英里（1英里≈1.6千米），人们还可以遇到无角的獐，镇江的山上也有不少野猪；这一区域也有狼的踪影，但杭州周围山上的老虎则在近年被猎杀了。在上海地区发现的其他哺乳动物有刺猬、貉、獾、麝猫、水貂（当地称为金黄鼠）、野兔、田鼠，还有家鼠、收割鼠、黑线仓鼠等不同种类的鼠，以及各种蝙蝠。这个地区的鸟类资源同样丰富，包括以此处为栖息地的鸟类，从华北、满洲或西伯利亚飞来繁殖的夏候鸟，以及冬候鸟。在上海的花园和周边地区可以找到几种蛇和至少三种蜥蜴标本。这里还有大量蟾蜍和许多种类的青蛙，以及中华龟和软甲龟，后两者遍布中国各地的小溪和运河中。在这些地方，还有无数目和科的代表性鱼类，一些海洋物种随河流进入运河产卵。小型水生生物以及淡水甲壳类动物、地蟹、螺、蛞蝓、唇足纲动物、蜘蛛等无脊椎动物种类同样繁多。但是，上海地区最丰富的还要属昆虫。一年中任何时候，昆虫学家都能在他的上海花园里收获大量研究对象，尤其是夏季，他几乎可以找到科学上已知的所有昆虫种类的代表。若要把上海花园内有的各种不同动植物都罗列出来并加以记述，那将用上很长时间，撰很厚的稿子。写《博物笔记》的过程中，我发现我只能点出一些事物的亮点，引起人们的兴趣。

图11 1936年7月4日晚，上海法租界捕获的一只穿山甲

图12 在上海附近的黄浦江中捕获的江豚

图13 经常出现在上海花园的中华蟾蜍的精美标本

图14 在吴淞附近的长江口捕获的一只大蠵龟

关于蛞蝓

7月15日

蛞蝓并非一个鼓舞人心的写作主题，但因为我在花园里发现越来越多这类软体动物，不得不有所关注，并做一记录。相比北半球的其他一些国家，蛞蝓在中国大部分地区并不算常见，我在中国北方探险多年，好像就不曾遇到过。而英国的花园里至少有六种不同形态的蛞蝓，其中一些数量过多，已成了名副其实的害虫。

上海已知的蛞蝓不过两种，其中只有一种较为常见，但与英国花园中的蛞蝓不同，它对树叶、水果或球茎的损害较小。这种常见的上海蛞蝓可能应称为双线蛞蝓，学名为双线嗜粘液蛞蝓。据说它在山东以南的华东地区很常见，但在山东省内并不常见。它最初出现在舟山群岛，后又出现在日本、琉球群岛、中国台湾、婆罗洲和夏威夷群岛。上海蛞蝓呈灰褐色，背部中间有一条明显的褐色线条，两侧有一条较暗的线条。大多数蛞蝓的身体前部有明显的椭圆形外壳，但这种蛞蝓没有，这也是它最主要的特征。除它之外，上海地区迄今只有另一种常见的黄色蛞蝓记录在案，名为瓦伦西亚列蛞蝓，它产于欧洲，尤其是英国，这种蛞蝓是真正的害虫。最近，阎敦建[①]先生首次记录了该物种在中国的出现，报告称，蛞蝓在上海西区并不少见，在极司非而公园[②]和圣约翰大学校园里则相当多。虽然我的花园位于西区，但我未发现这种蛞蝓的身影。它比条纹蛞蝓体形更大、没有条纹、身体前部有外壳，我们可以通过这些特征识别瓦伦西亚列蛞蝓。据闫先生的描述，尽管欧洲的这种蛞蝓是淡黄色的，颜色略有不同，但上海的是灰白的。因徐家汇博物馆创始人韩伯禄[③]在关于中国软体动物的大量文章中对其没有提及，闫先生认为这种蛞蝓可能是最近才被引入上海，因为韩伯禄是位著名的博物学家，有着敏锐的观察力，若这种蛞蝓在他所处的时代出现，就不会逃过他的眼睛。

值得注意的是，这一物种已由人类从欧洲引入世界各地繁衍生息，包括北美、南美、澳大利亚、新西兰、南非、日本和南亚。我们合理推测，它出现在上海地区，许是从欧洲（可能是英国）引进的。这种蛞蝓大量出现在极司非而公园，可能就是与植物一起从英国引进的。这种借助人类力量传播物种的方式很有意思。读过《博物笔记》的读者

---

①阎敦建（1903—1972），英籍华裔贝类学家，著有《森根堡自然博物馆的中国陆地和淡水腹足纲动物》（*Die chinesischen Land-und Süßwasser-Gastropoden des Nature-Museums Senckenberg*）。——译者注

②即现在的中山公园。——译者注

③韩伯禄（Pierre Heude，1836—1902），天主教耶稣会传教士，字石贞，法国南特人。清同治七年（1868年）来华，负责筹建徐家汇博物馆。平生收藏动植物标本数以千计，著有《南京地区河产贝类志》（*Conchyliologie fluviatile de la province de Nanking*）。——译者注

应该记得，在我曾提及有人寄给我鉴定的奇特蠕虫笄蛭上也有相同现象。人类会在无意中携带许多危险的害虫，穿梭于各国之间，破坏了一些国家经济价值很高的植被，造成巨大的经济损失。既然黄蛞蝓已经在上海地区出现，那它多久后会像在英国那样为害我们的花园，又会以多快的速度蔓延到中国其他地方，值得我们关注。

唇足纲动物[1]

7月18日

7月和8月是上海地区唇足纲动物出没的时节。7月14日，也就是昨晚，我在家里的门廊上，打死了今年夏天的第一条唇足纲动物。几年来，我一直记录着这类动物爬入我家的日期，以及这些害虫被我消灭的数量。记录表明，它们可能会在4月到10月的任意时间，在房子里出现，但数量会在一年中最热的两个月里激增，在8月达到顶峰。几年前的一个8月，我曾在一晚内打死了不下八只唇足纲动物，它们出现在我家的客厅和餐厅里，长度从1英寸多一点到3英寸（约2.5厘米到7.6厘米）不等。在上海地区，可以发现几种多足亚门的成员，其中包括形形色色的唇足纲动物和倍足纲动物，还有一种奇特的球马陆，它能像犰狳一样蜷缩成一个圆球，与某些种类的鼠妇外表非常相似。

在这些动物中，唯一令人害怕的是蜈蚣，它似钳子般的长牙有剧毒，被咬后会引起剧烈的疼痛和炎症，并使伤者的受伤部位严重肿胀。蜈蚣每条腿顶端的尖爪都带有一定程度的毒性，因此，如果偶然发现这恶心的东西爬到你的身上，你应该迅速地掸掉它。否则，它很可能会把所有的爪子都扎进你的肉里，即使它不咬你，你也会感到剧烈刺痛。被唇足纲动物叮咬的最好解决方法是尽快在伤口上涂氨水。值得注意的是，那种长腿短身的唇足纲动物，名为蚰蜒[1]，在上海和中国其他地方的民居中很常见，它非但没毒[2]，还是蚊子的天敌，所以我们不必怕它，而应当对它表示欢迎，它是人类真正的朋友。上海蜈蚣的特征在于其明橙红色的头部，深绿色的背部，黄色的触角、腿和腹部。它的长度比宽度大许多，并能以惊人的速度爬行，它的体形相当大，6英寸（约15.2厘米）以上的标本屡见不鲜。在中国南方，相同的或相近的种类可长至10英寸（约25.4厘米）有余。被这种怪物蜇伤往往致命，几年前，一名驻港英军士兵就被这种蜈蚣蜇伤致死。蜈蚣喜欢进入人类居住区，是个令人不快的邻居，人们一旦看见它就会不留情面地消灭它。我要再举去年5月的一件事为例，说说它的讨厌之处。那时我的妻子卧病在床，深居不出，我习惯从花园里带花回来，插在她躺椅旁的花瓶里。有一回，我在花瓶里放了一朵异常漂亮的美国红蔷薇，她整日沉浸在蔷薇的芬芳中。暮色降临，正当她想再闻一次花香时，一只蜈蚣从花心里探出头来，挥舞着触角，她惊恐万分！我赶忙去救人，将一条3英寸（约7.6厘米）长的蜈蚣抖了出来，显然，它已经在蔷薇花心里蜷缩了一整天，

①节肢动物门多足亚门下属纲，每一体节有一对步足。蜈蚣、蚰蜒（即“钱串子”）均属于唇足纲。——译者注
②蚰蜒虽毒性不大，但有一定毒性。——译者注

这对一个病人来说可不是什么好事！但相当奇怪的是，老中医们将这些蜈蚣作为治疗某些人类疾病的药。一位来自杭州的医学传教士曾告诉我，他遇到过的一个病例。患者是一位中国妇女，她按照当地医生的嘱咐吞下一条活蜈蚣，但被这条愤怒的蜈蚣咬伤，嘴唇和舌头都肿得可怕。在中药店里，人们总能买到串在竹片上晒干的大蜈蚣。

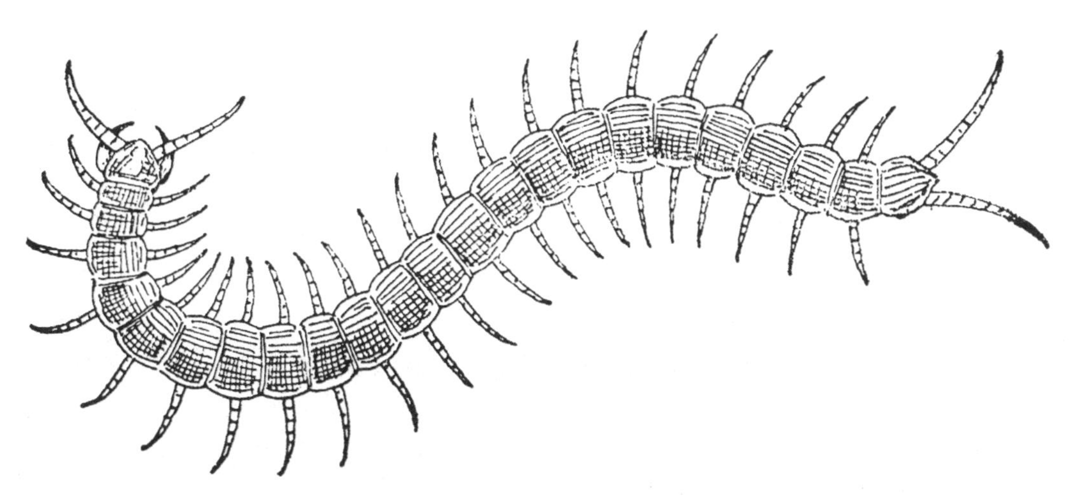

图15 上海地区的大蜈蚣

炎热天气来临

7月20日

凉爽潮湿的天气突然变得炎热干燥，对一些植物似乎产生了灾难性的影响，尤以梓树和枫树等大叶树为甚。6月漫长的潮湿期中生长出来的叶子，因夏季的酷热，没有像往常一样抵抗住过度蒸发。这类树如今大多呈现出严重萎蔫的样子，有些甚至完全枯萎了。花园里许多小巧娇嫩的植物也受到了类似影响，此时本应五彩缤纷的花坛及其边缘，如今裸露出丑陋光秃的褐色结泥块，表面杂乱地分布着发育不良的一年生植物。春天满地盛开的夺目小野花，如今已所剩无几，幸好它们播下了种子，天气变化后又会很快重新出现。上海地区干热的天气里，常见到蜘蛛在花园里到处结网，灌木丛变得十分难看。不知之前长时间的潮湿天气是不是给毛毛虫的繁殖开了个好头，它们的数量在过去两周大幅增长。这些害虫剥光了我花园里蔷薇花丛和藤蔓的叶子。春天和初夏，我的大石榴树本应有大量的重瓣朱红色花朵盛开，呈现一番壮丽的景象，现在却被三种带刺的毛虫侵袭。这些毛虫看起来非常漂亮，但虫体上成束长出的刚毛，比英国乡村小道上著名的刺荨麻还要厉害，如果有人愚蠢地用手或胳膊触碰到它们的刚毛，可十分不妙。这些毛虫是浅黄色或棕色小飞蛾的幼虫，成虫将在本季晚些时候出现。这些虫子除了在毛虫时期拥有美丽的颜色、斑纹以及螫刺能力外，还有一个有趣之处，即当它们成蛹时，会形成坚硬光滑的蛋形茧，这与大多数其他飞蛾的纤维状茧大不相同。蛋形茧会牢牢地粘在树干或树枝上，毛虫则在这棵树的树叶上觅食。过去几年的夏天，我花园里各种灌木上都有一定数量的这种毛虫，但今年尤其多得离谱，溲疏和锦带花丛、柿子树、杨树以及石榴树上都发现了它们的身影。它们还会在李树、杏树和桃树等树上出没，将树的叶子全都吃光。今年其他各式各样的飞蛾和蝴蝶的毛虫也明显比往年多，蚱蜢的数量更是多到成灾。显然，这股热浪为它们所乐见。只是如果这热浪在全国范围内大面积蔓延，那么我们可能会在夏天结束前听到蝗灾的消息。

蚊子的繁殖场所

7月22日

蚊子可能会在家中很不起眼的地方繁殖。几天前，我见了这事儿的例证。我在家里门廊上摆着几个鱼缸，养了上海地区各种可灭蚊的鱼类，如鳑鲏、食蚊鱼和天堂鱼。虽说家里有玻璃遮挡，但四周还是有很多蚊子，不过它们应当无法在这些鱼缸里繁殖——至少，人们会这么以为。为了防止鱼缸的侧边长满绿藻，我在缸中养了很多种淡水螺，它们在玻璃上爬行，借助锉刀般的牙齿刮除藻类，然后将其吞食。有一种静水椎实螺，习惯仰面漂浮于水面，其“脚（腹足）”的扁平部分伸展于水面上，沿着水面爬行，仿佛水面是固体一般。一回，我注意到鱼缸里有一只椎实螺正以这种姿势浮于水面，螺壳的边缘几乎与水面齐平，正要转身离开，它腹足上翘表面的某些特殊又细微的动作引起了我的注意，我更加仔细地观察起来。最后，我诧异地发现原来是有蚊子幼虫在螺壳口处的黏稠液体中蠕动。显然，有一只椎实螺死于水面，组织腐烂后，一只雌蚊将卵产于螺壳倒置形成的杯状腔体内，那是鱼缸中的天堂鱼无法到达之处，蚊卵就在腐烂的组织中欢快地进食，最后在壳内安全地孵化成孑孓。我小心翼翼地拾起螺壳，将内容物倒进一个瓶子，数了一下，有不下十五只蚊子幼虫。壳的口部直径仅半英寸多，用它做成的容器只能容纳极少量液体，但却为十五只蠕动的蚊子幼虫提供了充足的空间和食物。如果幼虫长成蚊子，无疑会给我的家人带来烦恼，乃至疾病。我试图将它们留在瓶内，直至它们长成蚊子，以便确定其种类。未雨绸缪，我还在容器的口部放了一个金属丝网的盖子。遗憾——或者说幸运的是——大约因缺乏营养，它们无一存活。从这件事里我们能得出一个教训，少量的积水就能为相当多的蚊子提供繁殖场所。人们务必要非常小心，无论水体多么不起眼，都别让它们存在于家中或家周围。

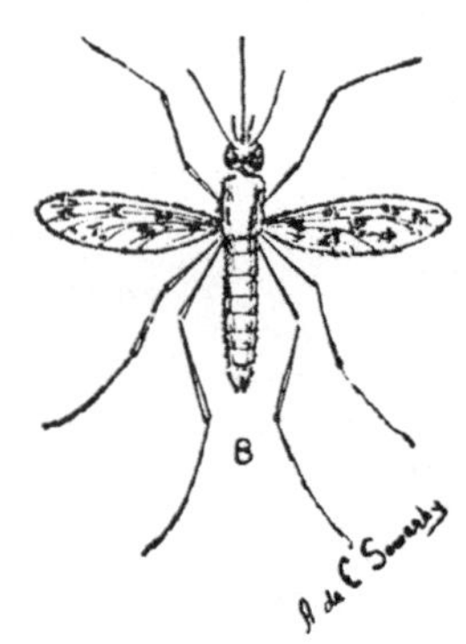

图16 按蚊。注意其翅膀上有斑点

关于食用鱼类

7月25日

自从一年前淞沪会战爆发以来，这儿就很难买到优质的鲜鱼了。严峻的战争形势导致当地以黄浦江吴淞口为基地的渔民无法作业自然是原因之一。只有数量有限的渔船能够航行于黄浦江，卸下他们在长江口和上海附近海域的渔获。浙江沿海捕捞的海鱼本会定期通过轮船从宁波运往上海市场，如今也受到了严重影响。几年前，大上海前市政府在扬子浦地区建立的大鱼市和冷库似乎也有变故，只是无人知晓具体情况。我关注起上海的鱼类供应问题原因有二。一是因为我已经厌倦了早餐只吃熏肉、鸡蛋、腰子之类的食物，渴望吃点新鲜的鱼；其次是因为我收到了香港大学香乐思[①]教授和林书颜[②]教授一本极好的小书，名为《香港食用鱼类图志》，书中配有让美食家们垂涎三尺的海洋鱼类产品的图片。如果有美味的鳕鱼排或炸鲷鱼当早餐该有多美好啊！这本书很实用，用中、英文介绍了香港约五十种食用鱼，并配以插图和中英文学名和俗名，以及一系列欧洲和中国烹饪鱼的食谱，正是上海需要的那类书。我发现上海的外国管家及餐馆老板，尤其是英国人和美国人，似乎不知道平时在当地市场上可以买到多少种美味的鱼，他们只为食客提供几种众所周知的品种，像黄鱼、银鱼（所谓的）、鳜鱼、三文鱼和宁波鳎，直至食客厌恶看到和闻到它们。他们似乎不知道上海市场上有上好的比目鱼和鲭鱼，以及鲳鱼、鲈鱼、各种各样的鲷鱼、鲻鱼、鳐鱼和许多不太出名的食用海鱼，而且，除了鳜鱼之外，他们似乎不知道这里还有许多优质的淡水鱼类。可惜香乐思教授和林书颜教授的书不太适用于上海，因为所涉及的大多数鱼，在平时的上海都无法买到，可以买到的食用鱼又是标注的香港使用的中文名称，上海的厨师和鱼贩听不明白。以“黄鱼”为例，“黄鱼”在书中指鲱科的高鼻海鰶，在上海则是指大黄鱼，也就是香乐思和林书颜教授书中的黄花鱼。香港和上海共有的所有鱼类品种在书中几乎都存在这种情况。如果能有那么一位鱼类学家，为这一地区编纂出版一本与香港博物学家出版思路相同的书，一定能赢得不朽的名声和上海家庭主妇们的感激。试想一下，有多少丈夫会在早上去上班时，因为他们刚享用的美味鱼类早餐，而向妻子或厨师表示感谢。

①香乐思（Geoffrey Alton Craig Herklots，1902—1986），英国植物学家、鸟类学家，曾于香港大学做研究，著作有《野外香港岁时记》等。——译者注

②林书颜（1903—1974），字肖鲁，海口市塔市乡人。北京燕京大学化学生物系毕业，中国鱼类学与水产养殖研究的先驱。——译者注

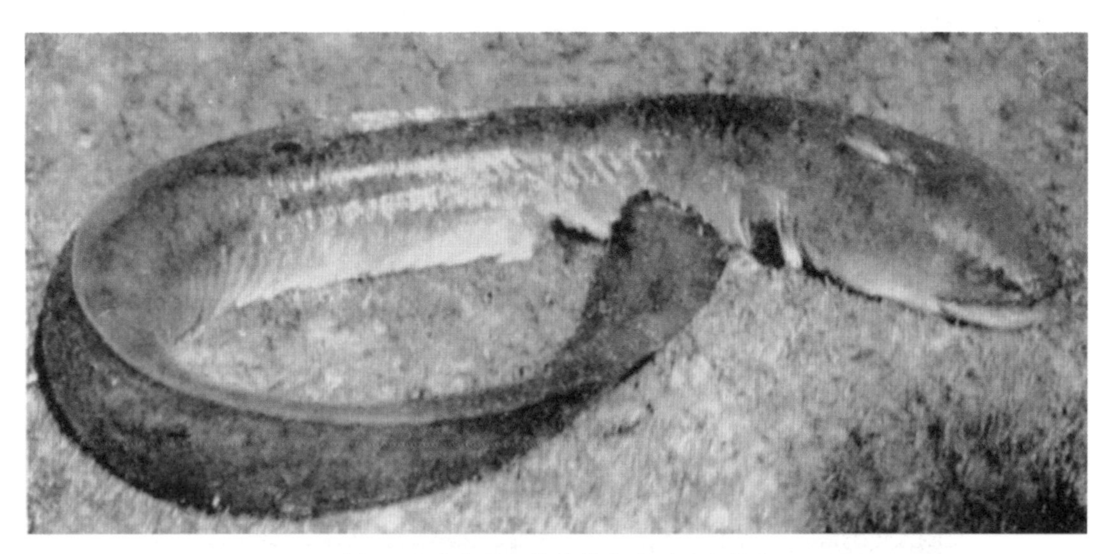

图17 香港大潭水塘捕获的大型淡水鳗鱼

图18 华北北戴河捕获的石鲈

图19 鱼缸里的金鱼、水草和岩石
图片由《中国杂志》提供

注：自上述文章写完后，雷士德医学研究院[①]的伊博恩[②]先生编写了一本类似的名为《上海食用鱼类图志》(*Common Food-fishes of Shanghai*)的书，此书图文并茂，正在英国皇家亚洲学会的赞助下出版，即将面世。

①建立于1932年，位于今上海市北京西路1320号，以英国旅沪著名建筑师、地产商和慈善家亨利·雷士德的遗产建造并命名。——译者注
②伊博恩（Bernard Emms Read，1887—1949），英国人，医学传教士、医学家，曾任雷士德医学研究院院长，翻译与撰写了多部中医药著作。——译者注

蝉的一生

7月27日

今年的蝉虽现身稍晚，但以其异常巨大的数量，在上海的花园里日夜不停地发出惊人的喧闹声。据我观察，今年是自1928年以来蝉最多的一年。我家住在西区卢塞恩路，现在花园的树下被这一地区最常见的三种蝉的若虫打满了洞，树干、树枝和灌木叶子上装饰着几十个空壳。我有幸连续几晚都观察到了若虫羽化为成虫的过程。自蝉出现，已历经了三周高温，地面硬得如同石头一般，人们自然好奇，蝉的若虫是如何钻出地面的。它们从地下冒出来时，大多都粘着泥，表明若虫们是从一定深度的土层中钻出来的，至少是地下水位处。我并不清楚这时候它们所在的具体深度，或许是在周边3到4英尺（约0.9米到1.2米）的地方。越是了解蝉的人，就越会惊叹于蝉的生活史。雌蝉将卵产在距地面有一定高度的树皮上凿开的沟槽或洞中，幼虫孵化出来时，还十分微小，它们从树上掉下或是沿着树干爬到地上，而后钻进土里，以吸食树木和其他植物的汁液生存。中国蝉在地里的确切时长尚不得知，但蝉都会在地下度过几年时光。这段时间里，它们的体形稳定增长，度过与蛆很相似的幼虫阶段，成为若虫，这时可以看到初生的翅膀，且具有成虫的一般形态。它们这种形式的持续时间不得而知，但最后会急于离开地下，开始向上取道，在某个夏夜晚上，趁夜幕降临时钻出地表。它们向近处的树或灌木丛爬去，占据有利位置。可能是在树干上、树枝上或主干的末端，很多时候是在最外侧的叶子上。它们把爪子牢牢地粘固在植物组织中，等待着最后的蜕皮羽化，正如我在7月4日的笔记中详细描述过的那样，大约一个小时它就成功蜕变了。身处黑暗时，幼虫会用前足将自己悬挂起来，以免受掠食性鸟类和其他敌人的攻击。但此举却阻止不了潜行的红斑蛇和蜈蚣，我不止一次看到它们捕食新生的蝉。天亮时，蝉的翅膀和外皮已经变硬，它们便毫不迟疑地飞到安全的树叶上，开始享受几周忙碌的生活。雄蝉以唱歌度日，也许是为了取悦雌蝉；雄蝉和雌蝉都大量地吸食树液，把一个类似于中空的探针插入枯树皮来吸食树液，以获得里面的活组织；它们交配、产卵。之后，随着夏日的消逝，蝉开始慢慢死去，到了秋末，所有的蝉都消失了，它们把后代留在了土壤深处，过着鼹鼠般的生活，不知历经多少个春秋后，它们再次出现。这些蝉享受几周地上的生活，为其子孙后代做好准备后，又迎来死亡。据我观察，正是在十年前，也就是1928年，这个地区的蝉和今年一样多，不知是否表明我们中国的蝉有一个十年的地下期。但至少有一事实值得记录在案：今年，即1938年，无论是大型的黑色品种还是中型的绿色品种，都是数量极多的一年。

大蚊幼虫和蝼蛄

7月29日

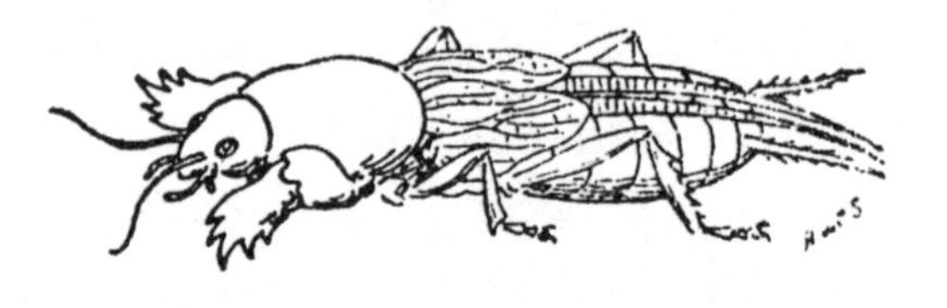

图20 蝼蛄

大蚊属昆虫有个响当当的外号——“长腿叔叔”，它们的幼虫俗称“皮夹克（leather-jackets）”，是上海地区盛行的害虫，吸引了我的关注。这些幼虫出现在草坪里，有时数量相当巨大，以草根为食，严重破坏草坪。但当地的园艺师似乎也无法分辨真假“皮夹克”。我曾多次接到人们的投诉，称大蚊幼虫在为害草坪，要求我提供消灭害虫的方法；但当我要求他们提供涉嫌造成破坏的昆虫标本时，总是收到瓶罐装的蝼蛄，那是蝼蛄属的动物，和大蚊幼虫属于完全不同的目。如今人们知道蝼蛄主要是以其他昆虫为食，只偶尔食草，或许是因为没能吃到昆虫。因此，如此多蝼蛄在上海某些草坪上出现，啃食草根、破坏草坪，令人难以置信。诚然，当蝼蛄在草根里挖洞时，可能会一定程度撕裂草皮，造成损害。但几乎可以肯定的是，它们是在寻找其他昆虫的幼虫，那些以草根为食的幼虫，才是造成实际损害的罪魁祸首。这些昆虫中，破坏力最强的可能就是大蚊幼虫，即“长腿叔叔”的幼虫，这正是蝼蛄的目标。在寄给我的一批破坏上海某块草坪的昆虫标本中，既有蝼蛄，也有大蚊幼虫，可以为证。我碰巧知道，那些负责维护草坪的人，曾命令当地园丁消灭大量在草坪上发现的蝼蛄，我在想，他们这样做是否弊大于利。在我看来，草坪上之所以有如此多的蝼蛄，是因为那里还有大量的大蚊幼虫正在取食草根、破坏草坪。蝼蛄比大蚊幼虫大得多，而且更加活跃，却往往因为大蚊幼虫的所作所为而遭到错怪。实际上，蝼蛄向大蚊幼虫发动着殊死战争，对园丁很有好处，虽然蝼蛄本身也对草坪造成了一定的表面损害。如果我的判断无误，那么就不应该消灭蝼蛄，而应该让它们独自执行消灭大蚊幼虫的工作。这件事完成后，蝼蛄不再有可供食用的东西，它们也会随之灭亡。

几年前，有人问我有什么办法可以消灭虹桥高尔夫球场上的乌鸦，说这些鸟食用草根、破坏草地。我的回答是，无论如何都不应该消灭或驱赶乌鸦，它们撕扯草地是为了捕获以草根为食的害虫，这些害虫才是损害草地的罪魁祸首。大自然就是这样。每当出现某类害虫或动物瘟疫时，随之而来的某种或多个品种的动物、鸟类甚至昆虫也会相应增加，它们捕食害虫或动物，直到瘟疫得到遏制，恢复以前的平衡。此外，干预大自然并非明智之举，农民和农业学家已多次吸取教训。当他们认为鸟类对收成造成了巨大的损失，向鸟类发动战争后，却发现他们消灭了其他害虫的天敌，而这些害虫后来给他们造成了更大的损失。

花园夜色

8月1日

夜晚的花园是多事的——白天无法发生之事在此刻上演。每当暮色降临，我都拿着手电筒和放大镜在花园里踱步，好奇着周遭发生的趣事。夜晚，首先是观察多种飞蛾的最佳时机。白天是蝴蝶的天下，上海的花园里可以见到许多美丽的品种，但是飞蛾却喜欢在夜间出没，人们会发现数量惊人、种类繁多的精致飞蛾在灌木和树叶上休息，或者飞来飞去，看起来漫无目的，不过大自然的孩子从不会漫无目的。夜晚，同样也是包括蝉在内的昆虫破蛹或破茧的时间，这要视情况而定。像一天晚上，我站在金鱼池旁的一棵柿子树下时，看见两只大蚱蜢从蛹进化为成虫，同时，我头顶上方，一只黑蚱蝉正在经历同样的过程，在那相邻的叶子上，一只大飞蛾刚刚完成从蛹到蛾的蜕变。

我所站之处几英尺（1英尺≈30.5厘米）之内，至少有两种金龟子在蔷薇花丛的叶子边缘觅食，此外还有其他各种昆虫。池塘里漂浮着一片睡莲叶，上面趴着一只有着漂亮花纹的大青蛙，在水中，我看见沼虾闪亮的眼睛和模糊的身影，它们像幽灵一样在水面下游动。睡莲叶子上有许多不同种类的水生螺类，其中包括巨型的田螺。我竟不知池塘里有如此大的田螺，为躲避天敌，它们从未在白天出现过。金鱼沿着池塘边缘贪婪地吃着长在池水里的须状藻类，小小的鲦鱼在水下疯狂地游动，寻找漂浮在水面上的食物残渣。一只细长的蜘蛛，好似一根会动的树枝，正忙着在池塘一角织网，如果以经纬线比喻，它在以惊人的速度在经线间移动，编织纬线。一只大十字园蛛悬挂在我的头顶上，得意扬扬地吮吸着一只误入其网中的金龟子的汁液。我身后的草坪上散布着许多肥硕的蟾蜍，当我用手电筒照射它们时，它们的眼睛像宝石一样发光。旁边一棵杨树上，蝉鸣唱着热烈的情歌。尺蠖借助其坚韧的丝质网末端悬挂在较低的树枝上，在黑夜中跳着令人毛骨悚然的吉格舞[①]，其中的一只，正在与从上面的树枝上追着它下来四处攫食的蜘蛛进行着殊死搏斗，输赢已定，它垂死挣扎的样子让人不寒而栗。蛞蝓在池塘周边潮湿的铺路石上黏滑地爬着，蜗牛在美人蕉的宽叶子上慢慢移动。在黑暗的庇护下，这些或浪漫或悲壮的生命和戏剧性场面在我周围上演。我不禁好奇，大自然如此值得注目，为什么人类却将时间浪费在愚蠢的尘俗杂事上。

①一种轻快活泼的舞蹈。——译者注

蚱蜢变形记

8月3日

在7月4日的笔记中，我试图描述了蝉的羽化过程，并说这是自然界中最美妙的事物之一。另一天夜里，确切地说是7月28日，我在花园里目睹了自然中一种更为奇妙，在某种程度上更美丽的蜕变。那是一种在上海花园里很常见的叶子模样的大蚱蜢，在晚上会发出刺耳的口哨般的嘶嘶声。它是北美著名螽斯的近亲，与其有所相似。在描述我所目睹的蜕变之前，我必须指出，生物学家并不使用“nymph”（若虫）这个术语来形容蚱蜢和蝗虫最后未成熟的阶段。这些昆虫从新孵化的幼虫发展为成虫，会经历了许多阶段，称作“instars”（龄期）。随着它们的成长，它们会经历多次蜕皮，每次蜕皮都会以一种稍有不同的更高级的形态出现，而且体形迅速增大，直到新皮肤变硬。在几天后的下一次蜕皮前，它们会大量进食，直到完成蜕皮的准备。

这篇文章所描写的蜕皮发生在晚上大约九点半，那时我站在一棵柿子树下，手里拿着手电筒，正看着周围发生的许多趣事。这时，我的注意力被一个淡绿色物体吸引了，它悬挂在溲疏枝条下，凑近来仔细一看，原来是一只靠长长后足倒挂的即将进入成虫阶段的蚱蜢，而它的头和胸部刚从背面皮肤的裂口中露出。我把手电筒的光聚集在这个有趣的现象上，着迷地观察了大约半小时。虽然蚱蜢的蜕变过程与蝉的基本相同，但也有某些不同之处。蚱蜢的速度要快得多，仿佛迫不及待。它不断地扭动身体，从旧壳里钻出来。当腿出来时，它们的长度迅速增加到原来的两倍，而头部、胸部和腹部的体积增加了约三分之一。值得注意的是，这些蚱蜢有极其细长的触角，我看到的这只在把这些脆弱的感觉器官从它的旧壳中取出来时，似乎遇到了一些困难，它最后把两根线状物含在嘴里，非常巧妙地吐出来，每次吐出1英寸，直到它们最终自由地在空中轻轻挥舞。但最让我感兴趣的是它展开巨大的纱状后翼的时分，那是一个极其美丽的过程。紧皱的附属部分逐渐变成最精美的薄纱大扇，淡绿的颜色，但在手电筒光的照射下反射出大量的乳白色调。某一刻，整只昆虫被这些精美的器官包裹在一层薄膜中，然后它们非常缓慢地开始折叠，就像扇子一样，最后在两片前翅下占据适当的位置，不知是有意为之还是无心之举，它们和正挂着的溲疏的披针形叶子非常相似。但这一次，这只成虫头朝上，长长的后足朝下，挂在它那张空空如也的旧皮上，原后足的空壳仍然挂在树枝上，摇摇欲坠。淡绿色、几乎透明的成虫面对着自己过去更透明的魂灵。接下来是一段短暂的静止期，大概是为了让外皮和关节在与空气的接触中变硬。随后，整个过程中对我而言最惊讶和最有趣的环节发生了。新出现的昆虫突然开始贪婪地吃掉它的旧皮，直到吃了最后一条腿的最后一个关节，把每一块都吃完为止。我听闻毛毛虫、蟾蜍和青蛙会吞食旧皮，但直到现在才真正目睹了这类景象。我再次惊叹于大自然对她的孩子们的精心照料，在这只新生的娇弱无助的昆虫可能找不到适合的食物时，大自然给了它一顿美餐，让它能挺过其生命绽放前最后和最重要的阶段。

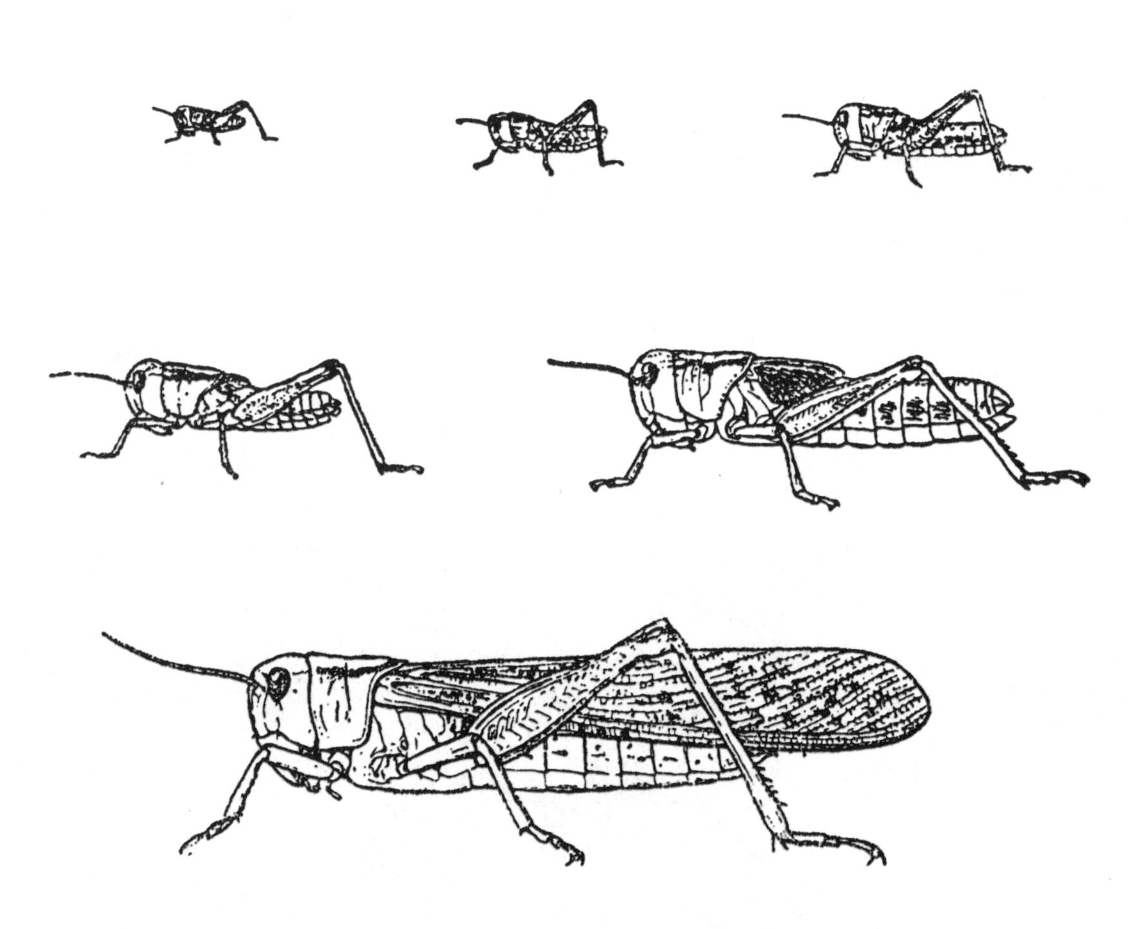

图21 著名的飞蝗的各个“龄期”
临摹自普洛特尼科夫

自然界的平衡

8月5日

自然深谙保持事物平衡的方式。所有自然法则的要旨都是平衡，水自有其水平线，任何不平衡的状态都无法长久。快乐和痛苦，喜悦和悲伤，都控制在每个生物的接受能力之内，值得注意的是，这种知觉或情感体验的分配往往很公平，蜘蛛就是一极好例证。它们是纯粹的捕食性昆虫，完全以其他动物为生。吃素的蜘蛛闻所未闻，它们都以捕猎为生，是世界上最优秀和最聪明的猎者和捕杀者之一，其残忍也不言而喻。无助的昆虫在蜘蛛网里垂死挣扎，蜘蛛迅速而熟练地用一缕缕的蛛丝将其紧紧捆住，吸食其体内汁液，这场景会让人不寒而栗。蜘蛛通常并不会等到猎物死后才开始进食，它所做

图22 上海常见的十字园蛛，卡瓦略拍摄

的一切都只是为了确保猎物失去反抗能力。诚然，它的蜇咬有毒，而且有一定麻痹性，但这是一种疼痛的麻痹，而不是麻醉的麻痹，而且它并非完全有效，蜘蛛会将猎物捆绑起来，直到其被蜘蛛丝完全包裹，如同裹尸布一般，显然是蜘蛛害怕猎物苏醒逃脱。蜘蛛通过对其他生物施加酷刑而获得的快乐和享受也就不过如此，当然，蜘蛛也是无心的，它并非刻意要造成痛苦或从中获得满足。但让我们来看看事物另一面，注意大自然是如何要求它付出相同的代价。在所有的陆生节肢动物中，也就是陆地上以关节连接附肢的动物中，没有哪种比蜘蛛更容易被其他动物捕食。蜘蛛的天敌多如牛毛，一旦被天敌抓住或踏入它们的陷阱，蜘蛛就会像自己的猎物一样束手无策。许多鸟和蜥蜴都特别喜欢蜘蛛，青蛙、蟾蜍等两栖动物也是如此。但蜘蛛最不共戴天、最致命的敌人，是姬蜂、独居蜂和掘地蜂。姬蜂攻击十字园蛛这类大型蜘蛛时，会从上俯冲，把卵产在蜘蛛够不到的背上。卵孵化出来后，幼虫开始以蜘蛛为食，最后导致蜘蛛死亡。某些蜂的幼虫能进入蜘蛛的身体，慢慢吞噬它们的内脏。独居蜂和掘地蜂可以捕捉蜘蛛，通过刺伤蜘蛛胸部的神经节让其麻痹，然后将它们拖走，甚至带着它们飞回洞穴，把它们囚禁在那里，然后将卵产在无助的蜘蛛旁边。这一真相是通过看到其中一只黄蜂处理蜘蛛的方式而得以揭露的。蜘蛛在处理自己领域内的猎物时，效率极高，但在行动迅捷的蜂旁边，就像一个傻瓜。蜂的每一个动作都灵巧而肯定，目的明确而信心满满。因此捕获并封存在蜂穴中的蜘蛛并没有死亡，而是处于瘫痪状态，直到蜂的幼虫孵化出来慢慢吞食它们。我曾多次破开某种蛛蜂（可能是Agena属[①]）的泥巢，发现里面的蜘蛛已经无计可施，倒不是被麻痹了，而是因为腿被蛛蜂砍去了。蜘蛛因自己的残忍行径遭受了多么大的报应啊！它们被关在黏土牢房里生不如死，等待饥饿的蜂幼虫孵化出来后，把它们一点点吃掉！

①此处或为Agenia属，可能是作者笔误。——译者注

图23 作者上海花园里的野生雏菊

图24 作者花园中金鱼池中的白色睡莲

关于毛毛虫

8月8日

今年，上海的花园时常爆发毛虫灾害，严重破坏了许多矮树丛、灌木丛和乔木，尤其是蔷薇丛和藤蔓植物的叶子，不过也为观察和记录这些生物的活动提供了一个绝佳机会。

有两种蛾子的毛虫或许是园艺师的大患。虽然这两种蛾子看起来不像蛾子，更像是某种蜂。它们的无鳞翅膀呈现出具有光泽的蓝黑色，一种腹部呈黄色，带有黑色的条纹，另一种腹部则是普通的蓝黑色。这些蛾的雌蛾会停在蔷薇丛新芽的嫩茎上，在柔软的树皮上按人字形划出一系列鲱鱼骨图案的口子，然后在每个口子里产下一个卵。卵很快孵化成功，孵出来的毛虫呈细小的绿色线状，头部为黑色。这些毛虫一出生，便成群结队地去往最近的叶子上，沿着叶子边缘排成一排，一点点将叶子吃光。它们从一片叶子爬到另一片叶子，重复着这一过程，同时迅速长大，直到树枝上的每一片叶子都被食尽。如果这时它们还没有完全长成蛾子，由于它们群居性的特点，就又会成群结队离开。接下来，它们又以同样的方式侵蚀另一根树枝。如此下来，无需很多这样的蛾子就能把整片蔷薇丛或藤蔓的叶子一扫而光。这些毛虫是绿色的，头部将来会变成黄色或橙色。其中一种身体带有黑色的斑纹，另一种则是素色的。鸟类似乎不喜欢它们，甚至完全以昆虫为食的物种也是如此。去年，我在一个临时搭建的生态缸中饲养了一些蜥蜴进行观察，当我尝试用这类毛虫喂食蜥蜴时，蜥蜴欣然吃完了我提供的所有其他种类的幼虫或成虫，也不愿意碰它们。显然，这些毛虫有着令人讨厌的味道或气味。因此，没有天敌的它们迅速繁殖，造成巨大破坏。

另一种在上海花园里大量存在，尤其这个季节很多的毛虫，是大蓑蛾。大蓑蛾的毛虫在英国和美国通常被称为结草虫，因为它们会借助小树枝、叶子或类似物组装蓑囊，用一种类似蚕的方式，从嘴里吐出丝状物质将这些东西绑在一起。每个结草虫都有一个蓑囊，蓑囊是管状的，一端密封，另一端开口，里面是毛虫的身体，它们的头部朝向开口，当爬行或进食时，它们会探出开口。当不进食时，或当它们化蛹时，毛虫会将其蓑囊牢牢地固定在树枝上，将开口封住，起到良好的保护作用。包裹蓑囊的丝十分坚韧，没有鸟能把它们撕开，也无法把它们从固定的树枝上扯落。到了成熟期，成虫会从蛹中爬出，如果它们是雄性，会啃食蓑囊的末端，并飞离蓑囊寻找配偶，如果是雌性，它们会留在蓑囊里产卵。雌蛾不能飞走，因为它们没有翅膀。还有些物种，甚至没有足部，外观似蛆。据说，这种幼虫从卵中孵化出来时，第一餐就是吞食无助的父母，但这一点并未得到确切的证明。这些结草虫出现在许多不同的灌木和乔木上，包括像桧柏和侧柏这样的针叶树，以及大多数的阔叶和落叶树种。在我的花园里，大蓑蛾最喜欢攀缘蔷薇，把这花的叶子吃了个精光。至于上海其他毛虫虫害的描述，我要留到下一篇笔记中了。

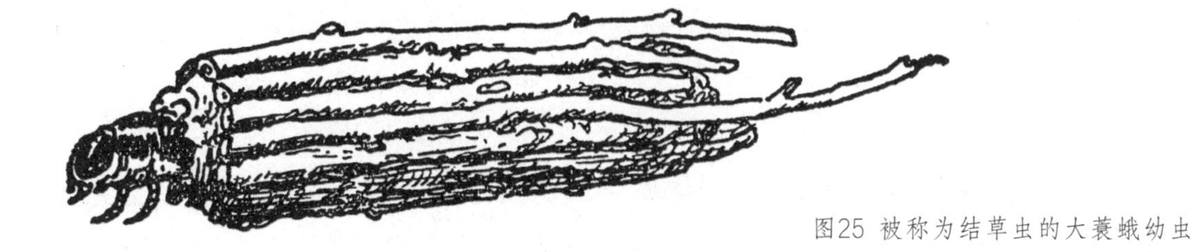

图25 被称为结草虫的大蓑蛾幼虫

再说毛毛虫

8月10日

上一篇笔记中，我记录了两类在今年上海花园里成灾的毛虫，它们同贫穷一样，如影随形。现在似乎是这个物种大肆繁衍的季节，其他几类毛虫也比平时多。其中有三种相当不显眼的飞蛾幼虫最为有趣，只是我还无法确定它们的名字。它们身上长满了一排排的毒毛或细刺，引人注目，这些刺和众所周知的刺荨麻的刺一样厉害，甚至更胜一筹，可以帮助它们很好地抵御鸟类，大多数鸟似乎对它们敬而远之。这三种毛虫中，有两种在外形上十分相似，也许是同一个物种的变异，也许代表两种性别。其中一种背上有三条明亮的纵向蓝色条纹，边缘有黑色和黄色的斑纹，底色为绿色。另一种在蓝色条纹之间还有两条棕红色的条纹，一簇簇的刺或毒毛也同样呈深红色。第三种带刺毛虫为淡绿色，背上有巧克力色斑点，和它赖以生存的叶子上的枯萎斑块如出一辙，因此很不显眼。这种毛虫学名黄刺蛾，会在暴露于视线范围内的叶子表面爬行，而其他两种毛虫则主要在叶子的反面爬行。这表明，这些毛虫虽然有毒刺作为防御武器，也有想要避开的敌人，只是我暂未发现也无法想象。这些毛虫都有短而宽的身体，下表面非常平坦，就像蛞蝓或蜗牛一样，这样一来，它们可以像笠贝一样附着在它们爬行的叶子或树枝上。当准备化蛹时，它们会转移到树枝或灌木的树干上，为自己制作坚硬的蛋形茧，这些茧会牢固地黏附在树皮上。茧通常呈白色，并带有褐色的纵向条纹。当成虫破茧而出时，它会在茧的一端切开一个整齐的圆孔，留下一个碟状的小盖子，然后逃脱，飞去完成交配，并为完成繁衍的使命而产卵。我不知道一个夏天它们会繁衍多少代，但肯定不止一代。在夏天结束时化蛹的个体，直到第二年的初夏才会以成虫的样子再次出现。它们在寒冷的冬天得到很好的保护，茧紧紧地黏附在树或灌木的树皮上。这些毛虫会侵扰许多种类的植物。在我的花园里，已经在溲疏和锦带花的灌木上，石榴树和柿子树上，以及杏树、桃树、李树、枣树和榆树上发现过它们的身影。有时它们会大量出现，把整棵树的叶子都吃光。当这棵树无法提供更多的食物时，它们就会成群结队地迁徙到另一棵树上。我曾看到大树的树干上布满了这些毛虫的茧。我曾收集保存以供观察这些茧，最后有棕色或浅黄色的小飞蛾成功破茧而出的。

关于蜂

8月12日

在上海，每个爱惜自己皮肤的人，都须在修剪花园里的灌木时小心谨慎。我曾提过，很多灌木的叶子上潜伏着不少蜇人的毛虫，有赖于天然的保护色和斑纹，人们很难注意到它们，手和胳膊就可能会在修剪灌木的树枝时被狠狠刺蜇。不过我们的花园中还有两种蜂更为可怕。它们有筑巢的习惯，通常把巢穴筑在灌木丛的隐蔽处，如果人们修剪巢穴所在的灌木，那很快就会为此付出惨痛代价。其中一种蜂个头相当大，比英国众所周知的黄胡蜂大，比大胡蜂小，棕橙色身体和黑色斑纹与大胡蜂相似。飞行时，它长长的腿从身体上垂下来，很容易识别。这种蜂的巢悬挂在花梗上，形状有点像一个倒置的鸡尾酒杯，装有发育中的幼虫的蜂室口向下张开。这种蜂学名亚非马蜂，有可怕的螫刺。另一种蜂可能更有趣，也没那么可怕，那是一种橙黄色的小蜂，属于异腹胡蜂属，学名parapolybia distica①。它的巢呈长长的扁平香蕉状，一端悬挂在花梗上。我的花园里每年都会有好几个它们的巢，尤其是在有竹子的地方，观蜂筑巢也成了我的乐趣。胡蜂从树上取木质纤维，咀嚼成纸，为筑巢原料，巢的构造与蜜蜂的蜡制巢相同，只不过几何形态没那么精确。每个蜂房都有一丁点蜂蜜，无刺的雌蜂在里面产卵，然后用薄薄的一层纸盖把蜂房密封起来。蜂房内的幼虫生长迅速，先变成苍白无力的若虫，最后成长为成虫，成熟后，便从蜂房里啃食出一条路，立刻开始和蜂群里的其他成员一起工作，扩大蜂巢。蜂巢的长度稳步增长，宽度时有增加，到了夏天的末尾，蜂巢几乎可达1英尺（约30.5厘米）长。几年前的夏天，我家门廊的蔓性蔷薇上有一个

①此学名或为作者笔误。——译者注

这样的巢。园丁曾要消灭它，被我阻止，我还警告他绝对不能破坏蜂巢。他和我的妻子一定认为我疯了。我的妻子憎恶所有的蜂，若蜂巢被移走，那她肯定会欢呼雀跃。一两个星期后的一个傍晚，蜂巢被台风吹倒，妻子如释重负。但我惊讶地发现蜂巢第二天早上还挂在原处。原来是园丁在清晨巡视时，发现了掉在地上的蜂巢，他想起我的吩咐，怕我生气，便小心翼翼地用一根铁丝将它固定回了原地。奇怪的是，仍然有几只胡蜂留了下来，守护着幼虫生长。季末，它们已经有了相当的数量，蜂巢也明显变大了。我还在那时发现了这些蜂冬天的去处，但故事的这一部分必须留到以后再说。

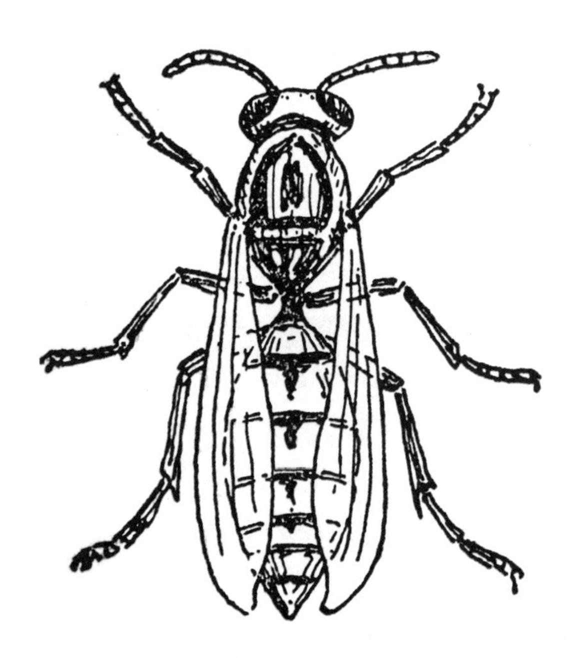

图26 亚非马蜂，上海园林常见的胡蜂

图27 胡蜂的瓶状泥巢，胡蜂会捕捉其他昆虫放进巢中，充当其幼虫的食物

疼痛一事

8月15日

当我对花园里发现的各类动物的生活习性进行调查时，常被大自然看似残酷的一面震惊。“疼痛”是所有仁慈的思想家都必须面对的问题。当一个人对方方面面遭受的无数痛苦而感到愤愤不平时，很容易忽视一个最重要的问题，即疼痛是动物生命中极重要的因素。如果此刻疼痛奇迹般消失，那很多形式的生命不久后也会消亡；而疼痛若从未存在，那动物生命就无法从原始阶段发展到更高阶段，人类自然也不会存在。要理解这一点，人们只需提出并回答一个问题：什么是疼痛？答案很简单。疼痛是机体的主要神经中枢，即大脑，对来自身体某个部位的神经发出信息的反应，这种信息传递出身体某个部位出了问题，并警告人们必须立即采取措施。如果没有这个警告，或大脑接收警告后不能激起相关生物体阻止痛感产生的迫切需求，就不会有旨在纠正错误行为方式的反应，生物体的灾难就会随之而来。自然界进化出了疼痛，以确保生物体会采取应对措施，普通的神经信号无法做到这一点。因此，如果消化器官不在需要营养时，向大脑发出饥饿疼痛的信号，机体就不会费尽心思去寻找和食用更多的食物，机体就会饿死。如果一个人与火接触后没有立即感到剧痛，他就不会从火焰中抽离，结果将是重伤甚至死亡。疲劳的疼痛是一种警告，它说明肌肉细胞已经筋疲力尽，有毒废物已经积累到无法快速排出的程度，需要时间来补充为运动提供能量的东西。如果生物体没有感觉到疲劳的疼痛，它可能会继续运动，直到对其组织造成不可挽回的损害。我们可以举出无数例子来证明疼痛对于所有动物体（从低级到高级）的重要性，不过这里所提及的例子对我们来说已经足够了。以上涉及的都是生理上的痛苦，但稍一想象便可知，同样的原则也适用于精神上的痛苦。读者可能会指出，植物在没有神经紧张和痛苦的情况下也能生长得很好，这一点非常正确。但植物无法四处活动，也不会有任何愉快的体验，而在某种程度上，所有动物生命获得这些体验所依赖的神经和神经中枢，也是传递和感受疼痛的神经和神经中枢。倘若我们从这种角度来看待疼痛问题，立马就会呈现出一个全新的、更合理的视角。这未必会让疼痛不那么讨厌或更容易忍受，但至少可以消除因疼痛存在而产生的无力愤怒感。事实上，每个聪明人都该感谢疼痛的存在。

对自然的研究

8月17日

大自然的爱好者若探究起大自然的奥秘，研究起世间万物的生活，就会发现自己置身于一个无比有趣的世界。毋庸置疑，货币市场、股票、商业、工业——这些事情占有着人类事务中重要的一席之地，甚至构成了许多人生活的全部内容。为了从对事业过度关注的紧张焦虑中解脱，绝大部分人都在俱乐部、舞厅、电影院或侦探小说中寻求放松，尤其是在上海如今很多户外活动都受到限制的时局之下。即便如此，他们还是错过了享受大自然馈赠的机会，他们本可以发现无穷的乐趣，放松舒缓他们紧绷的神经。因为每个人都有自己的花园，即使没有自己的花园，也有公园。这个伟大城市的公园出奇地美丽，野生生物遍布其中，也许并不显见，但只要人们愿意寻找，就可以发现。

我发觉我的花园就是一个名副其实的小宇宙，我可以每天花上几个小时去探究、打听和赞叹我在那里看到的一切。许多鸟儿会因为我每天的喂食来我的花园。当我敲打着装有食物的铁锅，发出吃早餐的信号时，麻雀、夜莺、鸽子、乌鸫、山雀、灰喜鹊以及常见的黑白喜鹊就从四面八方匆匆赶来。一整天，空中都回荡着它们欢快的鸣叫和歌声。美丽的蝴蝶在花丛中飞舞，知了在树上高歌；蜜蜂、胡蜂和数量惊人的蝇在灌木丛中嗡嗡作响，各自忙碌。我还注意到，许多形态怪异的蜘蛛在等待它们的猎物。毛毛虫和蚱蜢则吞食着灌木和藤蔓的叶子。夜晚，萤火虫在黑暗中闪烁着仙灯般的亮光，向它们的伴侣发出信号。金鱼池里不只有金鱼，灌木丛下或花盆下的阴暗角落里潜伏着各种奇怪的生物——鼠妇、蜈蚣、蛞蝓、蜗牛和各种各样的微小生命，热闹非凡。蚂蚁无处不在，它们在树干上跑来跑去，探索每一个缝隙和裂缝，把花园里的垃圾带到它们的地下隧道里，喝着蚜虫分泌的甜汁，突袭其他种群。可欣赏的事情太多——多到无法一一记录。我常想起一些不知名诗人的诗句，比如一首关于伟大的博物学家路易斯·阿加西[1]的诗——

①路易斯·阿加西（Louis Agassiz，1807—1873），瑞士裔博物学家、地质学家。曾任教于瑞士纳沙泰尔大学、美国哈佛大学，著有《化石鱼类研究》（*Recherches sur les poissons fossiles*）、《冰川研究》（*Études sur les glaciers*）等。——译者注

他在大自然中走着、走着。
这位亲爱的乳母，
日日夜夜为他吟唱
宇宙的歌。
每当路途漫漫，
抑或他的心开始枯萎，
她就唱起更美妙的歌，
或者述说更奇妙的故事。

有天晚上，当我持手电筒站在花园里，目睹着周围上演的一幕幕生死小剧，这些诗句再次涌现在我的脑海里。那时，家里的收音机传来了《感谢上帝赐予我们花园》(*Thank God for a Garden*)的歌曲旋律。如果没有蚊子的话，那简直就完美了。这些蚊子也在享受着夜晚的空气，同时猛烈而热情地攻击着我赤裸的手臂和膝盖，最终将我赶进了室内。但这句歌词一直在我脑海中回响——“感谢上帝赐予我们花园”。

寄生现象

8月19日

在调查花园里生物的生活习性时，我又目睹了一个戏剧性场面。之前我曾写过出没于灌木、蔓性蔷薇和其他植物上的某些毛虫的破坏性，但毛虫还有很多种，不过因数量较少，没构成很大的威胁。其中有一些会用颜色和花纹将自己完美伪装，深藏不露，只是难逃天敌的眼睛，比如天蛾科的毛虫。天蛾大而美丽，属鳞翅目天蛾科，它的毛虫每侧都有一排对角线条纹，中间夹杂着眼睛状的小点，尾巴翘似猎狐梗。当这种毛虫沿着植物的叶子或树枝躺下时，其对角线花纹就成了叶茎，它们以此进行完美伪装。

初夏时节，大名鼎鼎的女贞鹰蛾的绿色大毛虫栖息在我檐廊上一盆小茉莉花丛中，即使我知道它在那里，视线也没什么遮挡，还是常常要花上些时间才能找到它。7月下旬，我又发现了一只这样的大毛虫试图从玻璃门外爬进屋里，不过这只是棕色的。它或许即将化蛹，我将它放进小木箱中，以便观察化蛹的过程，并看其即将显露的飞蛾种类。大毛虫爬到盒子的一角，在那里织了一张结实的丝网保护自己，随后进入休眠状态，准备蜕皮变蛹，但它的生命也止步于此。第二天，一只蛆状的蛴螬从它身边钻出，它的伤口处流出了汁液，木头上湿了一片。那只蛆虫很快变成了典型的蝇蛹，而毛虫则萎缩变黑。我没有加以干涉，只是每天都去看上一眼。几天前，那里终于有了动静，蛹的空壳旁出现了一只相当漂亮的大苍蝇，空壳的一端留有一个圆孔，孔的边缘有一个齐整的盖子。这只苍蝇虽然在体形和斑纹上与麻蝇并无二致，但腹部有明显的刺状毛。这其实是一种寄蝇，可能是寄蝇属的，俗称带刺蝇（spiny fly），它们会将各种昆虫的幼虫，尤其是蛾和蝴蝶的幼虫，作为自己幼虫的宿主。已有人观察到过它们成功寄生的方式。它们会找到一只合适的毛虫，例如鹰蛾科的毛虫，刺蝇识破其天然的伪装并跟踪它，在它进食时爬到它身边，通过腹部伸出的长长的产卵器，悄悄地把几个卵依次产在毛虫的头上。当这些卵孵化后，小小的幼虫就会进入毛虫的身体并发育，以宿主的某些组织为食。而宿主此时没有任何不适，仍然以日常的方式进食和生长，直到预备化蛹。这时候，有且只有一只刚好也准备化蛹的寄蝇幼虫，会从毛虫体内吃出一条通往外界的通道出来，伤害毛虫并导致其死亡。有趣的是，其余的寄蝇幼虫便也就此停止长大。

大自然的群体数量控制

8月22日

我在8月15日的笔记中讨论了疼痛问题，得出结论：疼痛是动物生命中不可避免也不可或缺的重要部分。但这一结论似乎无法解释为什么大自然在许多方面善良而仁慈，却允许动物间残酷捕食。吃与被吃似乎是主宰动物世界的铁律。植物之间诚然也有残酷的生存斗争，它们也相互掠夺或相互毁灭，但由于植物没有神经和大脑，不用像动物那样忍受疼痛，因此在观察植物间的竞争时，人类内心不会像看到动物间无休止的残酷竞争时那样厌恶与震惊。事实上，动物的生命可以依靠纯素食物延续，偌大的动物王国的几乎每个分支中，我们都能发现纯粹的草食性或果食性物种，通常是整个物种群、科甚至目。即使在食肉动物或食鱼哺乳动物的目中，我们也发现有些动物会以纯素为食，像是大熊猫和它的表亲小熊猫。也许有人会说，既然如此，大自然本可以要求只以植物为食的动物生存于世，如此便不再有痛苦和伤害。但是，大自然并没有这样做，而是留给我们这个满是“刀光剑影”、互相捕食的生物世界。疾病也是导致苦痛的主要原因之一，这往往是植物或动物上的微生物以更大、更发达的生命体为食的结果。在动物世界里，从低级到高级，从单细胞变形虫到人类，都在上演着生物间相互捕食的大戏。相杀相残是人类间发动可怕的、极其残酷战争的基本原则。有人会问，如此美好而幸福的世界上，为什么会出现这种情况？这困扰着宗教思想家、哲学家和普通人，但非科学家。因为我们还是发现了这种状况存在的必然性，而且原因很简单。如果动物间不存在互相捕食的现象，如果所有的动物都以植物为食，那么结果将会非常糟糕。这些以植物为食的动物，将不受限制地大量繁殖，导致地球上的植物在短时间内消耗殆尽，动植物都将不复存在。我们都见证过昆虫的繁殖速度，以及它们如何迅速而彻底地吃掉了我们花园里的植物。如果没有天敌捕食，把它们控制在一定范围内，这些以植物为食的昆虫将在极短的时间内毁灭地球表面的所有植物。

鸟类开始迁徙

8月24日

夏季还未结束，鸟类的迁徙却已然开始。很多物种进行迁徙的时间比大多数人意识到的要早得多。例如有些在春末夏初飞来上海繁殖的鸟类，现在已经开始向南迁徙了；另有一些在华北繁殖的鸟类，开始途经上海，飞往南方过冬。如果你到江苏南部和浙江北部的湖区，或者到这些省份的沿海地区瞧一瞧，会发现许多所谓涉禽和滨鸟，而这些在一个月前是看不到的。许多鸻鹬类鸟会成群出现。从北方最早来到这片区域的旅鸟之一是大沙锥，我们当地的渔猎者对它们很熟悉，早在8月3日就已经记录到了它们的踪迹。有趣的是，大沙锥也是春季最晚从南方飞到满洲里和西伯利亚繁殖地的沙锥。在上海地区，5月下旬经常可以看到大沙锥，而扇尾沙锥在4月中旬以后就很少出现了，针尾沙锥也很少在4月底或5月的第一个星期以后出现。上海周边正上演着一种有趣的鸟类活动，每天都有大群的秃鼻乌鸦在空中盘旋飞行，它们每天晚上都会从觅食了一整天的旷野飞往城市，在较高的建筑物上栖息。这些庞大的鸟群，时有数百只之多聚集在一起，准备深秋时向南迁徙。那些只在夏季栖息在我们花园的鸟类中，金黄鹂和绶带鸟早已完成了哺育幼鸟的任务，开始离我们而去，飞往更南边的地方。杜鹃也飞走了，不过，就像金黄鹂和绶带鸟一样，我们还可以偶尔看到几只从华北和满洲里南下途经这里。随着秋季的到来，更多夏候鸟已经离开，它们的栖息地被其他南迁的同类占用。人们可以看到有些鸟儿会在秋季迁徙开始前聚集，比如燕子，大多数人都目睹过这些鸟儿成百上千只，有时甚至是成千上万只地聚集在电线上。值得注意的是，虽然这些鸟类在开始长途迁徙到它们的冬季栖息地之前，会聚集在一起，但它们实际上并不像涉禽、滨鸟和野禽那般成群结队地迁徙，而是在迁徙过程中分散开来，各飞各的，甚至不在对方的视野之中。如果能在这些鸟类的迁徙过程中跟踪它们，我们会惊讶于它们的旅途之长，关于这点，我必须留到以后再讨论。在这里只需指出，秋季迁徙已经开始，那些对鸟类观察感兴趣的人，从现在起到11月底能看到的鸟类，可能会比过去三个月多上许多。

图28 红喉歌鸲，途经上海的众多候鸟之一

图29 沙锥

蚂蚁和蓝蝴蝶

8月26日

这几天，我在檐廊上工作时，观察到许多银蓝色的小蝴蝶在离我几英尺远的地方飞来飞去，它们似乎对某几处花盆里生长的小型野生植物特别感兴趣。因其翅膀背面的颜色，这种蝴蝶常被称为"蓝蝴蝶"（blues）或"铜色蝶"（coppers），它们是灰蝶科的成员，我在檐廊上观察到的属于灰蝶亚科，其科名就来源于这个亚科。这些可爱的小蝴蝶常十几只地聚集在檐廊上，这里也恰好是初夏时蚁群之间发生激烈战斗的地方。自从6月的那场大雨几乎淹没了这些蚂蚁之后，它们就再也没有发动过侵略，但蚂蚁们仍然在花盆里和檐廊顶部的缝隙里维系着自己的蚁群。有趣的是，这些小蝴蝶和蚂蚁之间存在着一种社会关系，或许我应该称之为一种互利关系，普通的观察者可能无法理解，蚂蚁和蝴蝶如何能够互利？答案其实很简单。灰蝶属的蝴蝶幼虫，即我们常说的"蓝蝴蝶"和"铜色蝶"的毛虫，似乎能从身体背面的某些腺体中分泌出一种甜美的液体。蚂蚁尤其偏爱这种液体，甚至会将蝴蝶幼虫当作宠物或家畜——它们把蝴蝶幼虫带到自己的地下巢穴中，保护它们不受天敌攻击，并对它们进行爱抚和照顾。作为回报，蚂蚁会吸食幼虫分泌出的甜美液体，就像我们从自己饲养的奶牛身上获取牛奶一样。人们会观察到一些较大种类的蚂蚁会把毛虫叼来叼去，但它们似乎并不会伤害毛虫。这种不同种类或生物群体之间的互利关系无处不在，是自然界中最有趣的现象之一，但只有细心的人们才能发现。人们早就知道蚂蚁照顾蚜虫以获取它们"牛奶"般的汁液，所以称蚜虫为蚂蚁的"奶牛"，但鲜少有人知道甚至观察到，蚂蚁和"蓝蝴蝶"与"铜色蝶"的毛虫之间存在着类似的联系。虽然未能亲眼见证，但我确信，蚂蚁筑巢的檐廊上聚集着如此多蝴蝶，与蝴蝶和蚂蚁之间的互助关系有关。或许蝴蝶在蚁群附近生长的小植物上产卵，是为了方便毛虫孵化出来后接近蚂蚁，从而受到蚂蚁保护。这种互助合作的情况，与我在6月初的笔记中所描述的这些蚂蚁之间互相残酷厮杀的景象，可真是迥然不同！

昆虫防治

8月29日

从经济学角度分析，人类在动物世界中公认的最可怕的敌人是昆虫。根据昆虫学研究人员统计，每年，昆虫对世界各地的农作物、储存的谷物和其他食品、织物、毛皮和皮革以及各种木制品造成的损失高达数十亿美元。一群白蚁能在很短的时间内破坏一幢建筑物，毛虫可以在几天内吃光一棵树或灌木的叶子，一群蝗虫几个小时就能啃食一个村庄的作物，虫害能在一夜之间摧毁农民的玉米田，加上这些昆虫令人难以置信的繁殖速度，人们不禁怀疑，不久后这些生物就要遍布地球，将其表面所有的动植物都吞噬殆尽。

我以蚜虫的繁殖能力为例，来说明可能发生的情况。这种小昆虫只有针头那么大，常密密麻麻地聚集在蔷薇或其他植物的嫩芽上。它们通过一种叫“孤雌生殖”的方式以惊人的速度繁衍，也就是说，它们几乎都是雌性，无需交配就能产下可育的幼虫。年幼的蚜虫生长速度非常快，在出生后几小时内就开始繁殖。每只蚜虫都会产下几十只后代。由这些事实可估，如果初夏只有一只蚜虫开始繁殖，没有天敌且食物供应充足的情况下，可以在夏末覆盖整个地球表面几英尺深。

这例子也许过于极端，但事实就是如此，所有昆虫的繁殖速度都非常迅速，若没有大量的天敌将其制服，任何一种昆虫都会迅速地占领整个世界，消灭所有的植物，使包括自己在内的所有动物走向灭亡。有趣的是，昆虫的主要敌人是其他昆虫。诚然，大量鸟类只吃昆虫，而且总的来说，确实消灭了很多昆虫，但即便如此，仅靠鸟类也无法应对和阻止地球上昆虫数量的自然增长。过去二三十年间的昆虫学研究揭示了一个事实——某些昆虫是人类与破坏性害虫作斗争的最好盟友。例如，瓢虫科俗称“红娘”的瓢虫的贪吃幼虫和美丽的草蜻，就是蚜虫的最大敌人之一，把它们和蚜虫放在一起是治理蚜虫的最有效方式。瓢虫的幼虫还热衷于吃各种蚧虫和导致虫病的害虫，有一种最初在中国发现的瓢虫，已被有效地用于防治美国的橙子、葡萄柚等柑橘类果树的虫病。但在所有可以捕食或寄生其他昆虫的昆虫中，以小蜂和寄蝇最为重要。小蜂的体形从极小到较大不等，寄蝇大多是微小的昆虫，易被忽视。这些昆虫对其他昆虫的捕食并非在普通意义层面进行，而是将卵产在其他昆虫的幼虫甚至是成虫身上，孵化的幼虫以宿主为食，从而将宿主消灭。我在8月19日的笔记中，描述了一种寄蝇科大型寄蝇从即将化蛹的天蛾毛虫体内钻出的过程。包括这种寄蝇在内的多种寄蝇，与麻蝇、丽蝇或普通家蝇等害虫的外表十分相似。因此，遵循“拍苍蝇”的口号并不总是明智的，因为我们可能会错杀了朋友而不是敌人。

蝉鸣消失

8月31日

7月6日起，蝉开始在我家周围的树上歌唱，它们不分昼夜、无论晴雨，一直到今天，8月28日，我第一次在写作时没听见蝉鸣。昨晚一夜狂风暴雨，现在还下个不停，蝉鸣的季节应该还未结束，当太阳再次照耀大地时，蝉肯定又要在短暂沉默后，重新在树上高歌。不过在上周，蝉的数量确有明显减少，它们也不再从地下钻出来了。从它们出现的那天起，我几乎每晚都能在花园里目睹至少一只蝉从若虫蜕变为成虫，直到8月13日，那是我最后一次看到这些昆虫蜕变。

8月的第一周，雌性黑蚱蝉开始产卵。我有幸得见其中几只的产卵过程，观察到这一有趣的现象。大多数时候，雌性黑蚱蝉会选择停留在蔓性蔷薇的绿色树枝下侧，用一种凿子状的器官，在树皮上凿出长约半英寸（约1.3厘米）、深约八分之一英寸（约3.2毫米）的纵向切口，然后小心翼翼地将一串串细小的卵放置在切口处，这些卵呈白色香肠状，首尾相连。那凿树皮的器官位于雌蚱蝉腹部末端，平时隐藏在一种类似鞘的东西里。每只蝉都会用它在树枝的下侧凿出许多切口，并在切口处产卵。有一次，我看见一根树枝上同时有至少三只蝉在产卵，就小心地剪断了那根树枝，把剪断的一端放在水罐里，置于门廊处，希望能观察到小蝉从卵中孵化出来时的情形。不过截至目前，还无事发生。博物学书上说，当幼蝉孵化出来时，它们会在树枝上爬一会儿，然后落到地上，钻进地底。为了证实这一点，我曾在树枝下放了盘土，但并没有等来幼蝉。或许是孵化卵的时机还不成熟，可能它们要到产卵的第二年才会开始孵化？花园被蝉选择作为存放卵的植物除了蔷薇外，只有矮樱花。矮樱花的树枝被蝉割破产卵后，树枝便枯萎，奇怪的是，有只产卵的蝉也死了，它的死尸紧贴树枝，腹部压在树皮的裂缝里，显然死于产卵的过程中。值得注意的是，蝉同家蝇一样，会被一种菌类疾病侵袭。这种病菌会侵入蝉的组织，导致蝉死亡。蝉死的时候，尸体会仍然紧贴在它们所在的树枝或小树枝，之后肿胀的腹部长出一种绿白色的霉菌。这种病菌有时会在蝉进食中途夺去它们的生命，我经常在树上发现蝉的尸体，吮吸树汁的口器还插在树皮里。

冬日的胡蜂

9月2日

我在8月12日的笔记中记录过，说我已发现异腹胡蜂属的某些群居蜂在冬季的去处。大家应该还记得，我说这种蜂在我家门廊上的蔓性蔷薇那筑了一个巢，巢曾被风刮倒，又被园丁用铁丝将它拉回原位。那时候，一些胡蜂坚守巢穴，不断筑巢并照顾发育中的幼虫，因此在夏末，这一蜂群已很兴旺。但在秋末，这些胡蜂消失了。后来，我需要修补金鱼池裂开的竹子护栏，撑着门廊上的蔓性蔷薇的竹竿中正好有一根过长，我便让园丁锯掉一节，劈成条状用于修补。他将这节竹子竖起来，用中式镰刀将它劈开，这时里面飞出了一群胡蜂，正是在我家门廊上筑巢的那种，它们的巢离园丁锯掉的那节竹竿只有不到几英尺远。胡蜂因自己被粗暴地从冬眠中吵醒而恼火，并对惊扰它们的人愤怒地嗡嗡作响。园丁扔下镰刀和竹竿，开始疯狂驱赶胡蜂，但这似乎只让胡蜂更加愤怒。它们真的开始发起攻击了，在园丁的头上、脸上和手上蜇来刺去。有一两只胡蜂飞到我站的地方，以同样的方式攻击我。虽然它们的叮咬很痛，但我却无暇顾及，而是被园丁的滑稽表演逗乐。他试图躲避那一大群胡蜂，在草坪上跳起奇异的舞蹈。最后，我们不得不匆忙狼狈地逃离，把花园让给它们。待我们回来时，胡蜂已经撤离，我得以检查它们曾住过的竹节。在竹的空腔内有一个整齐的圆孔，胡蜂一定是通过这个圆孔进入了它们心中理想的冬季住所。

在这里，我想对这种蜂做进一步的简要说明。今年夏天，这个蜂群在我花园里的一丛竹子上筑了一个非常漂亮的巢，但是在8月16日袭击上海的台风中，蜂巢所挂的树枝折断，蜂巢掉落，但被一离地几英寸的竹杈夹住。我看到蜂群在台风过境后的惨状时，一半胡蜂还坚守蜂巢，其余的则聚集于巢原在的竹竿上。渐渐地，所有的蜂都从旧巢离开，加入了竹竿上的蜂群，在那里筑起新巢。我捡起旧巢，带到屋里详细察看，发现许多巢室仍然密封着，里面还有蜂蛹。几个小时后，巢穴中出现了一些胡蜂，这叫我惊喜，却让妻子发愁，她仍然害怕它们。胡蜂在巢里爬来爬去，每当我触碰时，它们就愤怒地嗡嗡作响。可即使我很有兴趣研究，也不能留着它们了，不过至少我可以告诉读者胡蜂在冬季的一个去处了——竹竿空腔。在我的艺术收藏中，有一件精美的象牙制品也证实了这点，这件象牙制品呈劈开的竹子状，上面栩栩如生地雕刻着一只胡蜂歇息于一个空腔里，和我这次见到的是同一种。

“鬼蛾”

9月5日

前几天，我接到了不少电话问询，都和对方在花园里看到的飞蛾有关。一位女士确信自己看到了蜂鸟，问我这是上海地区本就存在的物种，还是她的新发现。她看到的嗡嗡作响的生物当然不是蜂鸟，而是蜂鸟鹰蛾，一种在上海花园里相当常见的蛾子，人们可以在任何一个晴朗的日子里，看到它在百日菊或大丽花等花上盘旋。它们通过手表发条般盘绕着的长喙吸食花蜜，那长喙还可以随意伸直，插入小花的蜜管中。这些蛾子确实与名字中的蜂鸟相似，但注意，蜂鸟仅生活于美洲大陆，世界其他地方并没有它们的踪迹。这绝不是第一次有人和我说在上海的花园里看到蜂鸟了。

其他电话则都与月蛾（Luna moths）——即绿尾大蚕蛾有关，这是迄今在上海地区发现的最大和最美丽的鳞翅目昆虫。这些漂亮的飞蛾呈均匀的白色，略带绿色，其翅展约为4.5英寸（约11.4厘米），后翅有长长的燕尾，四只翅膀上各有一个深栗色的新月形斑点，这些飞蛾也由此得名。其四翅外侧有一条狭长的黑栗色的带纹，穿过胸部，胸部和腹部都覆盖着柔软蓬松的白色鳞片或羽毛，看起来与兔毛别无二致。8月下旬显然是这种蛾子出现的时间，人们可能会见到它们如鬼魂般游荡于夜空中。中国人为它们取的名字或许比我们的贴切——“鬼蛾”。8月24日晚，我在花园里发现了两只这样的美丽飞蛾。当时，它们正紧紧地贴在靠近地面的树叶上，几乎飞不起来，显然刚破茧而出。我将飞蛾放在檐廊上的一盆灌木上，便可借由客厅的灯光观察。它们安静了好一会儿，然后充分舒展翅膀，在黑暗中飞走。

在这里，我还想报告一下，我已经证明了我家檐廊上聚集的很多“蓝蝴蝶”与蚂蚁之间的联系。蓝蝴蝶的绿色毛虫如今正被蚂蚁照料着，蚂蚁“挤”着它们身上突起物分泌的液体。这些毛虫以酢浆草叶子为食，而檐廊上种酢浆草的花盆正好与几个蚂蚁群为邻。我在8月26日的笔记中讨论了这种现象。还有件有趣的事情，这些小蝴蝶的毛虫与它们赖以为生的酢浆草的种子十分相像。

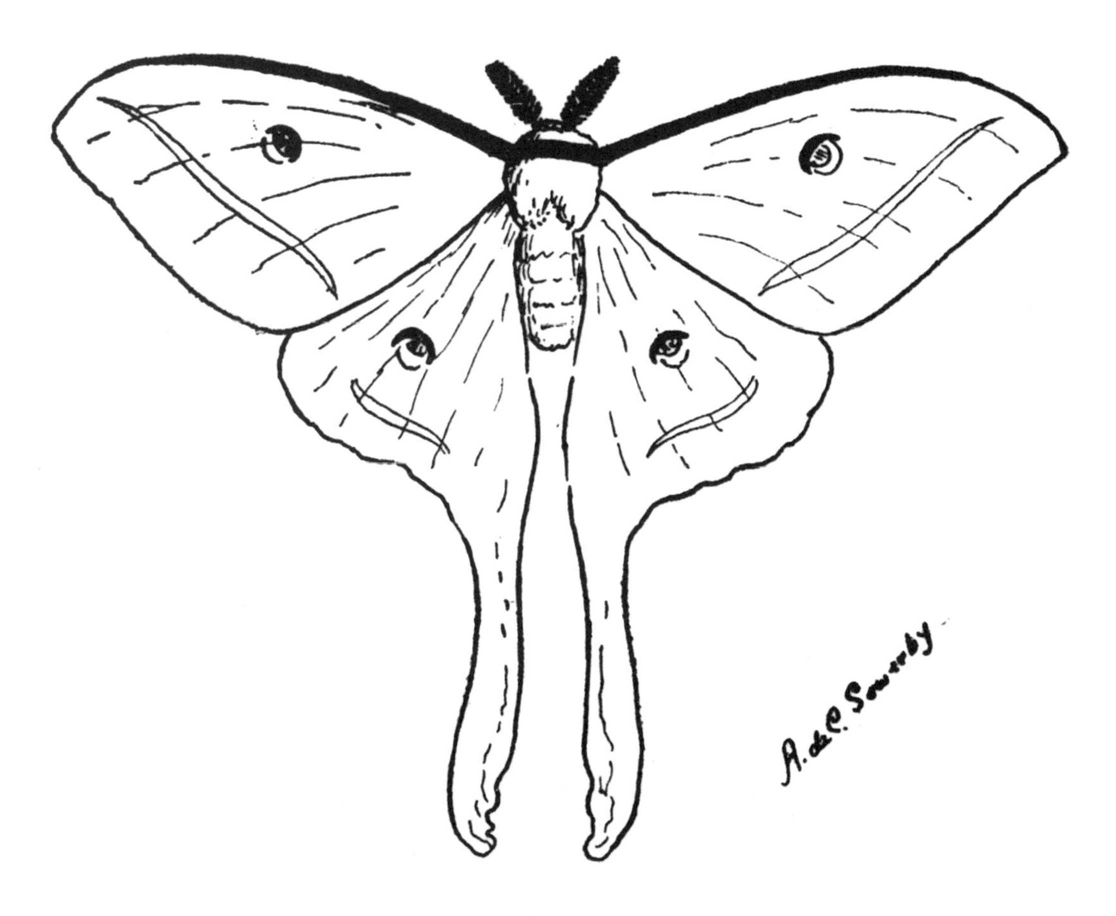

图30 月蛾，中国人称之为“鬼蛾”

头号公敌

9月7日

有一天，一位朋友告诉我，他将两只金丝雀挂在花园里的笼子里，转眼工夫就都被扯掉了头。他的家丁说凶手是一只长着尖嘴的大鸟。不需要动用新闻路侦探，我们就可以锁定凶手——上海地区只有一种鸟可能是这桩罪行的疑犯，那就是著名的中国红背伯劳，即“屠夫鸟”。

该鸟臭名昭著，只要一接触到笼子里的宠物鸟就会进行攻击，养鸟者不得不非常小心，谨慎考虑应该在何时、何处如何将他们的宠物挂在户外。几年前，我住在愚园路时，笼子里养了些热带小鸟，我将笼子挂在一棵桃树上，让它们被绿叶包围，沐浴从头顶的树叶冠层中渗透下来的阳光。可那天晚些时候把笼子拿进来时，我发现其中一只小尼鸳被扯断了一条腿，躺在笼子里死了。白天时，我曾留意到花园里有一只伯劳鸟，但没太在意，当时我还不知道这种鸟的犯罪倾向。我本应留心的，因为所有的伯劳鸟都有掠夺的习性，会做出这种事情，而那又是其中最大最凶猛的一种。之后我也不止一次地看到这只伯劳鸟攻击笼子里的鸟，它无疑是鸟类世界里的惯匪，也是我们上海花园的头号公敌。上海地区很少有鹰入侵，唯一能找到的猛禽是斑头鸺鹠，但在这个城市附近也越来越少见。而伯劳不仅一有机会就攻击笼鸟，对我们花园里其他鸟类的雏鸟和幼鸟也是一种威胁。今年一个早晨，我穿着衣服，看向窗口外草坪上的鸟桌，麻雀、夜莺和鸽子停在上面，吃着我惯常为它们准备的食物。那时正值春末夏初，成熟的鸟群中还有许多羽翼未丰的麻雀和夜莺。突然间一阵巨大骚动，一只红背伯劳鸟从邻近的一棵树上冲下来，惹得进食的鸟儿四散奔逃，其中一只小麻雀昏了头，不像其他麻雀那样飞到灌木丛中，而是飞到了地上。伯劳鸟闪电一样扑了过去，用爪子抓住它，并用残忍的钩状喙咬住它的头，把它叼到了一棵丁香树上。我急忙跑进花园，却看见这只小鸟脖子挂在一根分叉的树枝上，已经死了。我将它留在那里，准备指给妻子看，但几分钟后，我带着妻子回来时，小麻雀已不见踪影，伯劳鸟也不见了。

伯劳鸟最常于夏末出现在我们上海的花园里，人们现在可以听到它们几乎一整天都在发出响亮的叽喳声，还可以看到它们栖息在旗杆的顶端或无线电天线的竹架上，向世界发出挑战。这种伯劳鸟的体形与鸫差不多，可以通过其灰色的头部和背部羽毛、奶油色的喉部和胸部、红褐色的背部、臀部和侧腹、黑色的眼带、深色的翅膀和长尾巴来识别。伯劳鸟聪明又漂亮，唱歌也非常动听。

金鱼池

9月9日

我现在的家在西区卢塞恩路，家中的花园大约规划于八年前。当时这还是一片荒地，我做的第一件事是挖了个金鱼池。这个金鱼池12英尺（约3.7米）长、4英尺（约1.2米）宽、2英尺（约0.6米）深，保留了泥泞的池底，四周用劈开的竹子围护，周边再用石头铺设步道。步道与花园草坪之间有大约18英寸（约45.7厘米）的高差，我用草皮铺成了倾斜的堤岸，还埋了一条地下管道，让房子可以为池塘中央的喷泉供水。后来，由于竹篱和泥底不尽人意，我又在池塘周边和底部铺设了混凝土，在一个角落的顶部留下了一个连接排水口的径流。池塘远处的石阶，连接着草坪与池塘边缘铺好的步道。

我在池塘里种了一些睡莲，还从花园门口的小贩那买来了大约五十条形状大小不一、颜色各异的金鱼养在里面，黑的、金的、红的、白的和杂色的。我让我的中国收集助理给我买了些河蚌及几种螺，同各种水草一起放入池塘。自我建造池塘大约一年后，一个朋友又从亨利路①给我带来了一桶水草、小鱼和其他水生动物。我从中挑选出美丽的乳白色鳑鲏、天堂鱼、食蚊鱼等想养在室内水缸里的鱼，把剩下的鱼、杂草、田螺、水生昆虫、甲壳类动物、水蛭等和金鱼一起倒进池塘，由它们自生自灭。那之后，除了捞出偶尔死掉的金鱼、蟾蜍以及长得太厚的睡莲叶子，我就没有往池塘里添加或拿走任何东西，只会不时打开喷泉，让水变得清澈，以及给生长在池塘周围的植物浇水——有春天的毛茛和紫罗兰，和其他时候生长的偶雏菊属植物、蓼、委陵菜及各种其他花草。除此之外，我一直任池塘生态自由发展。有时我会给金鱼喂点面包，但这并非必要之举，因为它们似乎能在池塘里找到所需的一切食物。

从我在池塘里放动植物至今，已过去大约七年，记录这个小小水生世界的构成是很有趣的事。睡莲仍在那里，每年夏天都开得很好。金鱼的数量似乎一直没有变化，尽管其中一些已长成了大鱼，拖着面纱般的长尾巴，除了少数几条，其余均是正常的红金色。每年，金鱼的死亡数都与新生数持平，总数量保持在五十条左右，说明鱼的数量相对池塘中的水量来说正合适。食蚊鱼是一种身长约1英寸（约2.5厘米）的小鱼，也存活了下来，像金鱼一样，它们通过繁殖填补了死亡数量，现在仍然有十二条左右。鳑鲏已经消失了一段时间了，恐怕都已死了，因池里的河蚌都死了，没有它们的鳃用以产卵，鳑鲏也无法繁殖。另一边，螺类还在蓬勃繁衍，一些种类的数量已相当可观。每年春天，池底会长出大量青铜色水草，填满整个金鱼池，一段时间后消失，它们的出现为金鱼卵和幼鱼提

①旧上海欧洲风情老街区，后改名新乐路。——译者注

供了庇护所，保护它们不被同类吞食。今年，我还惊讶地在金鱼池里第一次发现了大量的长臂淡水虾。这种虾学名日本沼虾，七年前我最后一次往池塘里放东西时，放入了它们的虾卵，不知为何在今年才突然出现，我本该之前就注意到它们的。

图31 作者花园里初建时的金鱼池

图32 池塘在浇筑了混凝土并种植了睡莲之后

图33 冬天苹果树上的麻雀。《乡村日记》的作者威尔金森先生拍摄于自家花园

鸟类旅行者

9月12日

8月下旬的笔记中我曾写过，夏季虽未结束，但鸟类迁徙已然开始。如今秋天来临，这奇妙的自然景象更如火如荼。鸟类迁徙至少会持续两个月，从北向南迁徙的鸟类数量不断增加，直到10月中旬达到顶峰，届时，成群结队的涉禽和野禽将掠过我们的头顶，夜空中将响彻它们的叫声和拍打翅膀的声响。如果人们在晴朗的夜晚站在空旷处，就会听到这支大军的先头部队——鸻、鹬、中杓鹬和杓鹬在月光下飞翔时呼朋引伴的叫声。我曾在8月24日的笔记中提及，这些迁徙者的南方越冬地和繁殖地之间旅途漫长。它们的迁徙距离确实令人震惊，像这个季节途径我们地区的一些涉禽，在到达澳大利亚之前都不会停下歇息。

在候鸟之中，阿穆尔红脚隼的长途旅行是最有趣味的一例。阿穆尔红脚隼分布于华北和满洲里，北至浩瀚的阿穆尔河谷，却于南非越冬。它们每年两次在两地之间进行长达10000英里（约16093千米）的长途旅行。金斑鸻是另一种每年要飞行很远的候鸟，它在西伯利亚东北部和阿拉斯加繁殖，秋天沿着亚洲东海岸飞行，穿过马来群岛的东部岛屿，进入南半球，在南太平洋上空飞行，到澳大利亚以东很远的岛屿上过冬。鸟类世界中已知最长的不间断飞行，就是由该物种或其近亲物种完成的，它们一次便能从阿拉斯加西部迁徙到夏威夷群岛，远渡2000英里（约3219千米）以上。而已知的鸟类迁徙中最远距离的保持者是北极燕鸥，它们每年两次旅行，从一极飞到另一极，在北极地区度过我们所谓的夏季，在南极地区越冬。

鸟类会在迁徙过程中面临许多不小的变故。陆地鸟类常沿着海岸线迁徙，它们穿过海湾，不时地在岬角、海角甚至岛屿上休息。然而，海岸边常起的风暴会将它们带到了茫茫海上，偏离原本的航线。它们在海上力竭后成群死去。即使这样，这些鸟儿仍以毫不畏惧的勇气一季接一季地直面这些危险。我永远不会忘记一年秋天，我在青岛去往上海的途中，观察到许多燕子在向南迁徙。那时正有台风，这些勇敢的小鸟坚定地逆风飞行，航线和我乘坐的汽船正好相同。它们保持着很低的高度，每有浪潮迎面，它们都要飞高躲避，整日追赶并超越汽船。我不禁佩服它们的勇气，同时也好奇它们为什么不往西边不远处寻求陆地的庇护。即使夜幕降临，这些鸟儿似乎也没有飞往陆地，我在阴沉的暮色中尚可以依稀辨认它们的小小身影，正在稳稳地向南飞去。第二天早上也是一样的情形，很显然，它们已经飞了一整夜了。

图34 金斑鸻。最擅长不间断飞行的鸟

自然中的宽容

9月14日

人们可能很难相信，我还没在我的花园里或自然界的其他地方，发现过生物迫害少数群体的问题，当然，人类除外。动物界不同物种间要么公然捕食，要么宽容以待。各式各样的非掠夺性鸟类相处得如此融洽，更别提不计其数的昆虫、蛞蝓、螺及其他低等动物了，这实在令人难以置信。

同类不相互攻击是一条法则，不过蚂蚁显然是个例外。正如早前我在一篇笔记中指出的那样，蚂蚁属于绝对侵略性的物种，它们生活在种群中，受一种制度统治，与我们所知的人类极权主义国家的统治制度相似。它们发动战争，种群相争，可怕的战斗可能会导致整个种群消失。顺便提一句，正是因为它们形成了个体完全服从集体的制度，整个种群统一行动，它们才能够对其他种群发动战争。有观点认为蚂蚁的个体智力水平非常低。它们只不过是服从制度、没有灵魂的奴隶，无法应付任何可能发生在它们身上的突发情况，周围环境条件的改变就会导致个体或集体的灭绝。

另一方面，所有动物分支中的非掠夺性物种则都互不侵扰，遵循相互宽容和“人不犯我，我不犯人”的行为原则。每天早晨来我草坪上的餐桌旁觅食的鸟儿就将这一点展现得淋漓尽致。麻雀占这些鸟儿中的大多数，但它们并不因此试图统治其他鸟类，或阻止其他鸟类加入我每天早晨为它们准备的盛宴。每天我都能见到几十只机警又活跃的麻雀与夜莺及鸽子一起和平地觅食，有时还会有一两只乌鸫、一对山雀、一小群文鸟或一些长着天蓝色翅膀的喜鹊前来分食。乌鸫之间确实有点争吵不休的倾向，它们还有爱将同类赶出领地的名声，但也并非总是如此，因为我经常看到几只雄性乌鸫在我的草坪上一起寻找虫子。有一天，在乡村医院花园的鸟浴周围和草坪上，我至少数到了十八只乌鸫，它们彼此相安无事。当然，同种鸟类之间有时会发生口角，但这显然只是家庭纠纷，并不严重。有时一只鸽子会啄食或追逐另一只鸽子或麻雀，我甚至见过麻雀啄食鸽子，但总体而言，鸟食桌周围的气氛和谐融洽。

其他动物分支的情况也是如此。不管灌木或蔷薇藤上有多少毛虫，它们似乎从不彼此介意或相互干扰。蝉也不会在乎自己喜欢的树上有没有又多出一只蝉。晚间，蟾蜍会到我的草坪上觅食，它是我印象中最温顺的生物。蛞蝓则会密集地聚集在某个觅食地界，互相之间从来没有敌意。我还可以列举出诸如此类的例子，说明同一物种和不同物种的动物之间互相包容，但写到的这些足以说明我的观点。只有人类和蚂蚁会沉醉于大规模的侵略行为，也只有人类才会迫害聚集于社区和社会或政治团体中的少数群体。

关于螺类

9月16日

我在博物笔记中几乎没有谈论过螺类。当每个人都在关心国际政治、担心世界是否会陷入另一场战争时，谈论螺类的生活似乎显得有些不合时宜，但我还是想做一记录。在英国的花园中，螺类数量繁多，让人难以忽视，但上海的情况却恰恰相反。这些陆生软体动物在上海十分稀少，上海的大多数花园里都极其罕见。要想找到它们，你必须经常去搜寻假山的缝隙或植物茎部的下方等处。它们很少在白天出现，只有在仲夏时节，通常是在真正潮湿天气的夜晚，人们才有可能发现它们在植物的叶子上四处爬行并进食。我用了“它们”这个词，但实际上我指的是单一种类的陆生螺。这种陆生螺学名灰尖巴蜗牛，因为缺少一个更好的俗名，被称为中国花园蜗牛。它的形状同英国常见的花园蜗牛相似，但外壳更薄，呈淡黄色。在上海花园，很少有与英国花园蜗牛大小不相上下的蜗牛，但在蜗牛随处可见的乍浦等地，我曾在老城墙上看到大量大小和英国花园蜗牛相差无几的样本。上海花园里只能看到灰尖巴蜗牛和琥珀螺两种蜗牛，旁边乡村里倒有一种常见的烟管螺。几年前，我还在南京地区发现了大约六七种不同属的蜗牛。烟管螺是一种细长尖顶的螺类，壳类似纺锤形。我曾在去往乍浦的路上路过平湖的一座桥，在桥的石头缝隙的一束景天中发现了这个物种，数量相当多。上文提到的琥珀螺是在上海花园中的另一种蜗牛，它虽然常见，但体积太小，所以除非认真找寻，否则很难发现。它的总长度不超过四分之一英寸（约0.6厘米），可以在靠近地面生长的小植物中找到它，如小小的蓝色紫露草或鸭跖草，更常出现于盆栽植物中。其外形与众所周知的椎实螺几乎相同，其壳的螺纹第一轮很大，有一个非常小的尖顶。不过琥珀螺的眼睛和其他蜗牛一样，长在触角末端的膨起处，而不像椎实螺和其他水生动物那样位于尖尖的触角基部。这种琥珀螺分布于整个东亚和南亚。上海花园中发现的灰尖巴蜗牛也分布在中国各地，北至中国著名的避暑胜地北戴河，我曾在那里采集到过它的样本。

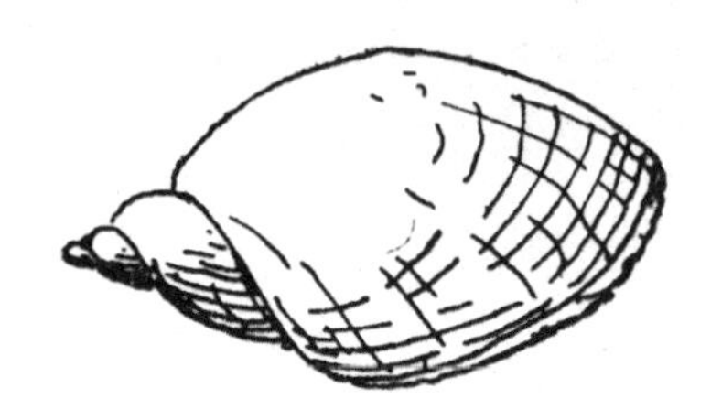

图35 椎实螺

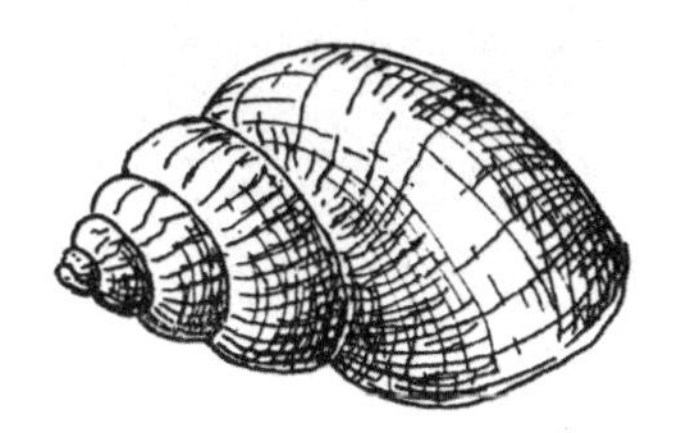

图36 田螺

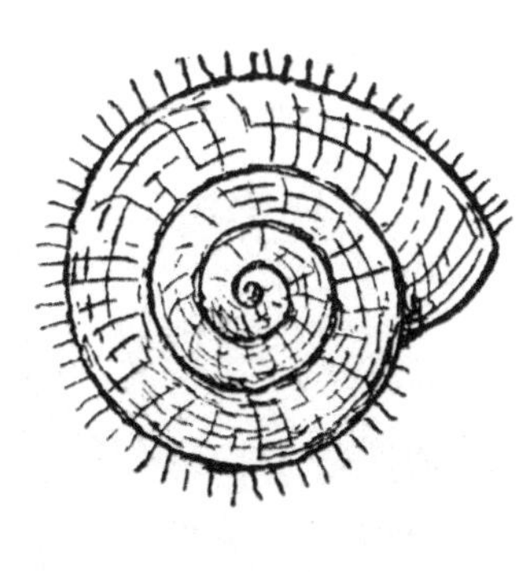

图37 几种中国陆生螺类

蟋蟀的合唱

9月19日

每年这个时候，被称为蟋蟀的许多不同种类的昆虫都在尽情歌唱，日夜不停。它们的欢快鸣叫声响彻空中，白天或多或少地被鸟儿的叽喳声、蝉的刺耳鸣叫声以及我们生活的繁忙城市特有的许多其他噪声所掩盖，到了夜晚，其他昆虫、鸟类和人开始休息，那才是聆听蟋蟀合唱的最佳时候。晚饭后，我坐在檐廊上听蟋蟀的歌声，我能从这一片合唱声中分辨出许多不同的声音，也许称它们为管弦乐队会更好一些，因为这些昆虫的发声方式更像乐器，而非鸟类、动物和人类的声音。但这区别极小，因为归根结底，人类的发声方式也类似机械装置，就像小提琴拉弓过弦或昆虫翅膀相互摩擦一般。管弦乐队也好，合唱团也罢，对那些能够欣赏它们的人来说，宁静的秋夜里，这些昆虫音乐家们的合奏效果令人心旷神怡。有些昆虫发出的音调确实十分优美，例如被中国人含蓄地称为“金钟”的小蟋蟀，听起来就像小铃铛的叮当声，还有田野蟋蟀(field cricket)发出的清脆悦耳的颤音。另一些昆虫的音调也许没那么悦耳，但它们的韵律却是作曲家努力追求的，被人类音乐家争相效仿。但其实，发出这种动听声音的许多昆虫并非真正的蟋蟀，而属于直翅目的其他分支，除了蟋蟀外，还包括蚱蜢、蝗虫、螳螂和许多其他组群。真正的蟋蟀属于蟋蟀科，可以通过它们矮胖厚实的身体、硕大的头、较短的后腿和通常为褐色的毛色来辨认。所有蟋蟀科昆虫，或说当中的绝大多数都在翅膀上有发声器官，那声音是由一只翅膀与另一只翅膀摩擦产生的，称其为发声器官或许不大恰当。冬天围坐在老式露天壁炉旁的人，都熟知家蟋蟀欢快的鸣叫声。其他人则大多更最熟悉田野蟋蟀响亮而绵长的鸣叫。田野蟋蟀比家蟋蟀的体形大得多，完全成熟的标本体长超过1英寸(约2.5厘米)。我在华南见过一种体长超过2英寸(约5.1厘米)的田野蟋蟀。

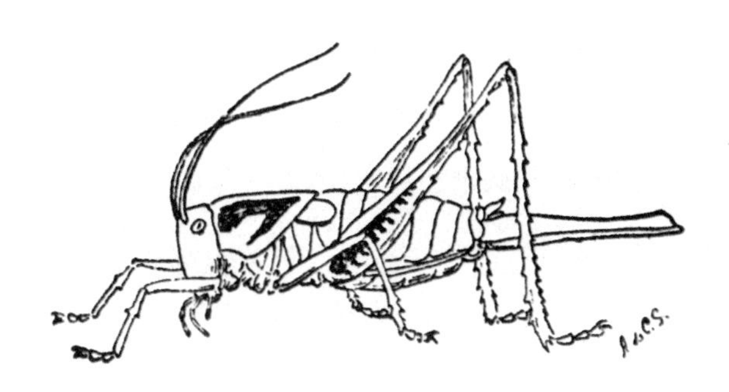

图38 华东地区发现的一种会叫的雌性蚱蜢

日本甲虫的威胁

9月21日

9月16日,《字林西报》刊登了一则纽约8月14日的有趣新闻，叙述了日本甲虫入侵美国的情况。这种小甲虫学名日本丽金龟，于1916年意外跟随杜鹃花从日本被运到了新泽西州南部的一个小镇，报道中详细介绍了这一意外造成的损失。

日本丽金龟属金龟科，该科还包括著名的金龟子、美丽的绿色花金龟以及英国乡村所谓的五月甲虫或六月甲虫[①]。日本丽金龟呈棕绿色，带着金属光泽，长度略超过四分之一英寸（约0.6厘米）。尽管体形很小，但它在没有天敌的国家站稳脚跟时，贪食性和繁殖力会使它成为一种危害严重的害虫。它的卵沉积在草坪和草甸的草皮上，幼虫通过啃食草根开始它们的破坏生涯。待幼虫慢慢化蛹，最后变为成虫，就会继续它们的掠夺行为。它们吞噬各种植物的叶子，甚至果实和花朵，一旦不受天敌威胁，如同这次美国东部的情况，这些甲虫就会大量繁衍，把所有绿色植物都扫荡一空，在这方面可与蝗虫比肩。几年后，这个地区的人们才注意到这一破坏行为，而这些甲虫已然站稳了脚跟，正如纽约报道所言，它们领先前来消灭它们的昆虫学家不止一步，现在已蔓延到9000平方英里（约23310平方千米）的区域，主要在美国新泽西州和宾夕法尼亚州。不过最近，这些甲虫出现在了纽约市中心一个摩天大楼九楼的屋顶花园里，每朵花上有50只日本甲虫；该市的植物园中每天有2万只甲虫被捕获，但数量却不见明显减少。控制这种虫灾的方法只有一个，那就是寻找并引入寄蝇或小蜂等天敌，我曾于8月29日的《博物笔记》中提及，寄蝇和小蜂的幼虫会寄生在入侵的甲虫身上。但这种防治方法有一难点，那就是每种害虫都有特定的寄生天敌。美国有很多不同种类的寄蝇和小蜂，每一种都有自己特定的宿主，不会寄生在其他昆虫身上，所以日本的这种新甲虫不会被它们攻击。为了找到一种能够攻击日本甲虫的寄生虫，就必须去它的发源地日本。其实早在大约十四年前就有人这样做过，美国农业部的J.F.伊林沃思[②]博士曾到访东方，访问了日本和中国，寻找适配日本甲虫的寄生昆虫。我相信他确实找到了适用于日本甲虫和其上海近亲甲虫的寄生虫，但虫害仍在美国蔓延，看来他找到的寄生昆虫并没有达到预期效果。美国显然需要一种更大或说能更好地寄生日本甲虫的昆虫。

①即六月鳃角金龟。——译者注

②詹姆斯·富兰克林·伊林沃思（James Franklin Illingworth，1870—1949），昆虫学家，研究过多种害虫的防治。——译者注

图39 上海法国公园里的石头、竹子和草地

图40 苏州一个典型的中国假山园林。图片由《中国杂志》提供

图41 上海花园里的一只蜜蜂正在花间采蜜。H.E.吉布森拍摄

图42 入侵美国并对植物造成巨大破坏的日本甲虫

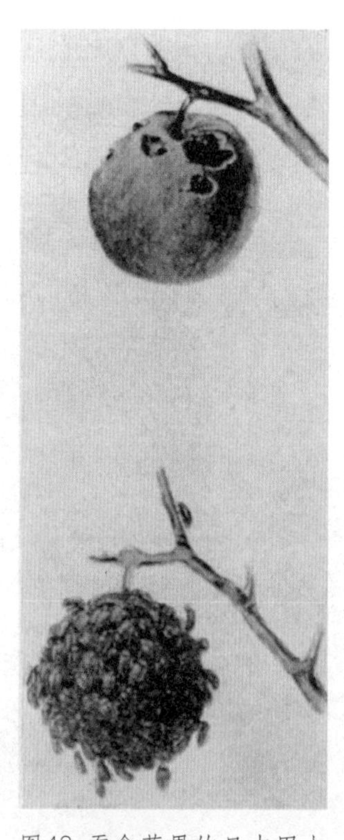

图43 蚕食苹果的日本甲虫

一茬柿子

9月23日

我的花园里有一棵柿子树，我刚从上面采摘了今年的柿子，这种收获自己种植的东西带来的满足感，实在叫人惊喜。我理解了农民在秋收后的喜悦之情，明白了新英格兰的早期定居者要设立感恩节的原因，甚至希望自己就是个农民。去年，花园里这棵柿子树第一次结出了可以吃的果实，我和妻子将其作为早餐后，一致认为这是迄今为止我们尝过最美味的柿子。那柿子个头确实不大，但滋味却口齿留香。我的思绪倒回八年前，在花园种下这棵树的那天，那时的它只是一棵小树苗，稀疏的枝条末端挂着几片叶子。如今，这棵树约20英尺（约6.1米）高，树枝粗壮得可以承受一个人的重量，园丁可以放心地站在树枝上，伸手去摘树顶的果实。开始的几年，这棵柿子树没能结果，之后的两三个季节也只结了一两个硬硬的绿色小果，成熟之前就掉落了。但去年，我欣喜地发现这棵树上结了许多漂亮的柿子，其中一些还在枝头就变成了美丽的金橙色。但我摘了一个试吃，却发现难以下咽。园丁在我请教时告诉我，这些柿子在树上无法自然成熟，如果它们在树上成熟了，没有被我摘去，就会被鸟儿吃光。我若想吃成熟的柿子，应该把它们摘下来放在稻草灰上，存放于一个温暖的地方。他如此说了，我便照做，就这样，我花园的第一批果实被厨师端上了早餐桌。当时上海战事正酣，不容易买到水果，摘下的四十个柿子派上了大用场，或许这也是它们尝起来如此美味的原因。今年的柿子不仅个头大了不少，数量也多了许多。我摘了五十四个，夜莺和喜鹊吃掉了一个早熟的，还有一个也被吃了一部分，我把剩下的部分放了在鸟的食物桌上，有三个长在树顶无法够着的地方，想必在适当的时候，悠闲栖息在此的鸟儿会将它吃掉，加上树上掉下的两三个果子，这个季节，这柿子树的总产量超过六十个，增加了百分之五十，远超去年。摘下的柿子还未完成在稻草灰中成熟的过程，所以我还无法评价它们的味道。但我想，它们的味道必会达到去年的标准，甚至更加美味。

中国的蟋蟀文化

9月26日

在9月19日的笔记中，我曾提到过花园里举行的蟋蟀夜间音乐会，因篇幅限制，当时没能多聊聊这些有趣的昆虫。蟋蟀虽然没有特别的经济价值，但对人类而言具有非常特殊的意义。众所周知，中国人对蟋蟀情有独钟，他们会把蟋蟀作为宠物养在特殊的容器里。这种容器多为镂空的葫芦，外壳上有艺术装饰，如此一来不仅可以听它们的歌声，也能看蟋蟀间搏斗。中国人认识包括蟋蟀科的家蟋蟀和田野蟋蟀在内的许多蟋蟀。用于斗蟋蟀的是田野蟋蟀中的一种，其他田野蟋蟀则是因其欢快的歌声而被喂养。中国的店老板、商人之类旧式资产阶级，以及许多士大夫或文人墨客，都习惯把蟋蟀养在葫芦里，藏于宽袍大袖中或别在腰间。这些蟋蟀本会在冬季自然地死去，但因人们的细心喂养和照料，这些小昆虫在寒冷的冬季也奇迹般生龙活虎。在中国如此动荡的时期里，其他中国人，尤其是农民阶级，也依然会把体形更大的螽蟴科蚱蜢关在小竹笼里，如同养鸟一般。螽斯科（Locustidae[①]）还包括螽蟴和其他能发出声音的蚱蜢，但并不包含人们所认为的真正的蝗虫（locust）。值得一提的是，蚱蜢和蝗虫的科学和通俗命名存在大量混淆的情况。如今动物学家们普遍认为，蝗虫不属于螽斯科，而属于蝗科（Acrididae），蝗科昆虫的触角相对较短，包括许多通常称作蚱蜢的昆虫。一些蚱蜢可以用长长的后腿上下摩擦长翅膀的边缘，发出相当响亮的沙沙声。螽斯科的成员都有非常细长的触角，而它们的长后腿比真正的蝗虫或真正的蟋蟀的后腿更长更细。它们中的许多都有强有力的下颌，有很强的撕咬能力，翅膀可能又长又宽，也可能非常短。我的花园里有过好几种真正的蟋蟀，至少有六种不同种类的螽蟴，它们有极长的腿和触角以及长叶状的翅膀，还有一两种中国人养在笼子里更大更重的短翅蚱蜢。所有这些——蟋蟀、螽蟴、蚱蜢，无论怎么称呼它们，在每年的这个时候，它们都尽情表达着自己的爱意，晚上用精彩的音乐让我陶醉其中。不过这些快乐也要付出代价，这些贪婪的食客会啃食我花园里的花和树叶。是你的话，你会怎么选？鱼和熊掌不能兼得，我发现生活的主旋律不过是妥协和取舍。

①这是螽斯科过去的名称，如今螽斯科为Tettigoniidae，而Locustidae如今与Acrididae同义，都为蝗科。——译者注

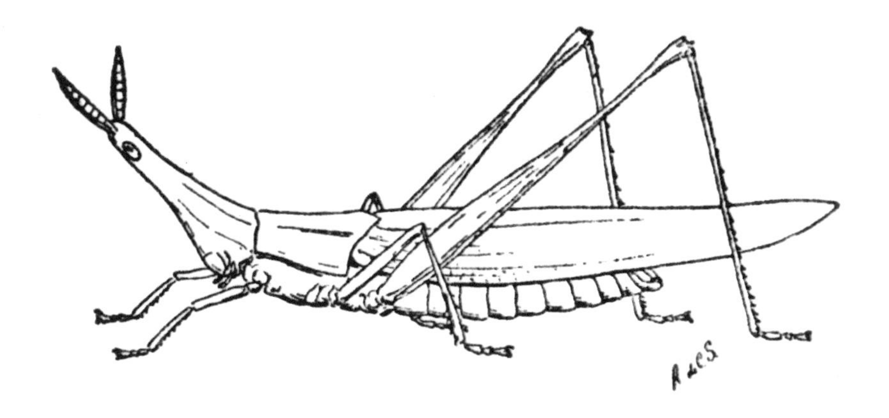

图44 剑角蝗

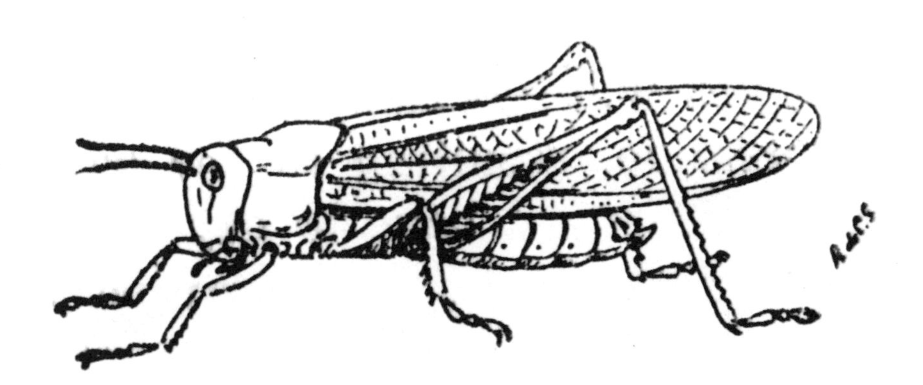

图45 飞蝗

鸟类迁徙如火如荼

9月28日

上海地区的夏季遽然结束，深秋的寒意已经来袭。今年没有往年9月下半月和10月上半月的温和天气，那本是上海一年中最惬意的时候。每年秋天，大批涉禽和野禽从中国沿海南下，今年的天气变化似乎对它们南迁产生了明显影响，加快了它们迁徙的速度，南迁时间也明显提前，夜空中听见鸟掠过的数量便是证明。它们哀伤的叫声让人不禁想起朗费罗的优美诗句：

夜晚美妙，
四处弥漫着温暖柔和的水汽，
远处的声音似近在咫尺，
在星辉璀璨的夜光下，
一掠而过的鸟儿在氤氲中展翅飞翔。
我听到它们羽翼掠过的节拍，
从冰天雪地出发，
寻找一片南方的草地。
我听见那叫声
高亢的声调
从空中梦幻飘落，
却无处可寻它们的身影。

的确，我们无法看到这些鸟儿迅速飞往南方的身影，但毋庸置疑，它们就在那儿。如果此时，人们去到离上海不远的吴淞附近的长江口沿岸或高桥海边，就会看到成群的涉禽和野禽在飞往越冬地途中，作短暂的停留。当潮水退去，你可以在露出的泥滩或沙洲上看到觅食的鸟类，有杓鹬、中杓鹬、塍鹬、细嘴滨鹬、鹬、滨鹬、三趾滨鹬、红脚鹬、青脚鹬、滨鹬、鸻、麦鸡、小嘴鸻、翻石鹬、长脚鹬、反嘴鹬和蛎鹬等。离岸不远的地方，还有鸭子和凫散落在水中的黑色倒影。许多野鸭和大雁与天鹅一样同属野禽，整个冬季都会停留在这一地区，它们白天在海上或长江口的开阔水域活动，黄昏时进入陆地，夜间在池塘、小溪和运河中觅食。另一方面，如上所述的涉禽，通常被称为滨鸟，大部分会在夜间飞行，白天在沿海或内陆沼泽地休息或觅食。白天见到的鸟儿会在晚上继续它们的旅程，其休息过的位置则在翌日被北方飞来的新鸟儿取代。如此日复一日，一直持续到冬季到来。届时，只有零星的一些鸟群会选择在寒冷的月份里留在我们身边。如果天气非常恶劣，这些鸟儿也会向南迁徙，直到寒流结束后再次出现。普通城市居民并不熟悉这种海滨鸟类的生活，他们只在暑假去往海边，自然看不到这些鸟。但野禽的猎手知道这一点，他蹲在埋伏点上等待鸭子、水鸭或大雁从海上呼啸而来，他有机会观察和了解这些滨鸟，当然还有他所追逐的野禽和许多其他水生物种，如鹭、鸦、白鹭、海鸥、燕鸥、秧鸡、田鸡、黑水鸡、白骨顶鸡、鸬鹚、鹈鹕、鹛鹛及潜鸟。这些都是候鸟，随着季节的变化来来往往，晚上成群结队从我们头顶掠过，在黑暗中互相呼唤，一同向南迁往越冬地。

图46 毛腿沙鸡。世界上最伟大的旅行者之一，因可从蒙古迁徙到不列颠群岛而闻名

昙花夜放

9月30日

9月27日晚，我与许多在上海的人应一特别邀约，来到当地德国社区知名人士R.劳伦兹先生的家中，观看他种植的约五十朵精品昙花开花。不到九点，这些美丽的白色花朵开始绽放，约二十分钟后，奇观已现。一朵朵华丽的白色放射状花朵在手电筒的照射下，于黑暗的花园中盈盈发光，展现出无与伦比的娇美。他们告诉我，这棵植株已有二十三岁了，从花盆里长出约7英尺（约2.1米）高。它最初只是一片“叶”，生长了七年后，才开始开花。截至目前，它最多一次开过十几朵花。1931年11月的《中国杂志》封面就是这种植物开有十二三朵花的照片。昙花的美丽难以言状，即便不称是最可爱的那朵花，也一定是最可爱的花之一。昙花状如喇叭，开在植株“叶子”边缘或顶端垂落的长而弯曲的老茎上，“喇叭口”向外张开。花朵由大量蜡质的白色花瓣组成，极为精致。事实上，它的名字“*Cereus*”来自拉丁语的“cera”，意思是蜡。喇叭状花的茎和许多细长的花被片及苞片呈深红色。在“喇叭口”内，许多淡黄色的雄蕊排列成一个船形花篮，而白色星点状的雌蕊长在白色长柄末端，位于“花篮”前端。这种华丽的花朵总长约为10至12英寸（约25.4厘米至30.5厘米），而“喇叭口”的直径可达8英寸（约20.3厘米）。昙花属仙人掌科，起源于中美洲，在人类的推动下，如今已广泛分布于热带国家，并作为一种温室植物在温带地区生长。在夏威夷，它生长在树篱中，盛开的仙人掌树篱是这些岛屿的景观之一。昙花有着独特的香味，花期却只有一晚，第二天一早它们就会耷拉着脑袋凋谢。如前所述，昙花花朵生长在植物“叶片”的边缘或顶端，但那并不是真正的叶子，而是它的茎，仙人掌没有叶片，茎长成扁平状以履行叶片的职能。作为亚热带品种，昙花经不起霜冻，冬天要放在温室里，在温暖的月份，则可以拿出温室，露天生长。这种绚丽植物每年夏天都会开三次花，分别在6月、8月和9月下旬。

夏日已逝

10月3日

当前恶劣的天气进一步表明，今年上海的夏季会提前突然结束，我们的花园已明显被低温影响。许多树木的叶子已经枯萎掉落，不像它们在北方时那样，先转黄色、变金色或变红色再凋零，而是在尚绿时枯萎，掉落在草坪上。我家篱笆上的五叶地锦不像其他国家的那般呈现出可爱的橙色或深红色，依然呈现绿色，却已经开始凋零。至于那些褪去绿色，变成暗淡灰褐色的叶子，则更毫无美感可言。银杏树的叶子本该在落叶之前变成好看的金黄色，如今却在绿色还未褪去时就已然飘落。杨树也是如此，几乎已是光秃秃的了。我们必须接受，上海不像英国、北美部分地区、日本、中国满洲里和西伯利亚的乡村一样，有着可人的秋色。我一直不知其中缘由，也许与该地区从温暖转变到寒凉的急促有关。但不论如何，上海花园缺少秋色都是一种遗憾，而且，若不是家中种植的许多花卉一直盛放到深夏，挨到了菊花盛开，我们的处境会更加凄凉。

动物世界也能发现夏天结束的迹象。蝉停止了尖锐的鸣叫，9月17日是我最后一次听到这季的蝉鸣。许多夏候鸟，如金黄鹂、寿带鸟、贝加尔湖短翅莺等已经迁离上海。我目睹许多火斑鸠从头顶掠过，向南迁徙，它是这地区发现的最小的鸽类。火斑鸠从印度迁徙到上海繁殖，只在大树上筑巢，大约在中秋时节离我们而去，飞往热带地区。柳莺是旅鸟，时而会出现在我门廊上方的蔷薇藤上。长尾山雀和鸦雀成群结队地出现，这是它们在寒冷时节的习性。它们在这里的花园间穿梭飞翔。人们会突然听到它们尖利的叫声，紧接着每棵灌木和树上似乎都活跃着小鸟的身影，然后它们就消失了，如来时那样迅速而又神秘。夜莺以家庭为单位飞行，大约有六只鸟，由父母双方和三四只雏鸟组成。麻雀已照惯例组成了多达四五十只的大型冬季鸟群。整个夏天都可以在邻家房顶上看到成双成对的八哥，而现在，八哥已经迁徙到了空旷的乡村，在那里，人们可以看到它们成群结队，一群十几只，甚至几十只一起。夜晚仍然可以听见蟋蟀的鸣叫声，但数量已不如一周前。黄昏时分，出现在草坪上进行夜间捕食的蟾蜍数量也减少了，许多蟾蜍已经找到了冬季住处——地洞、假山缝隙，甚至是金鱼池底。整个夏天，每天傍晚日落后二十分钟左右，蝙蝠都会成群结队地从头顶飞过，离开城市屋檐和阁楼的庇护，在郊外的田野里觅食。如今，它们数量已大幅减少，只能看到少数几只。限于篇幅，我无法继续细数温暖夏日过去后的一个又一个变化，但这些已足以说明，整个大自然都开始为漫长的冬眠做准备，而每当这个时候来临，人们总会感到一丝悲伤。

我的花园

10月5日

《博物笔记》记录了许多我家花园里的动植物，我担心一些读者会以为我的花园比它实际的样子要大上很多，为了修正这种可能存在的错觉，我必须告诉大家，其实我的花园挺小，只有约30码（约27.4米）长，15码（约13.7米）宽。花园的大部分地方被一块草坪占据——一个恐怕算不上太优良的草坪。我曾因想要知道这个地区可以生长哪些种类的野生植物和外来草，而任由它们生长。直到我的好奇心得到满足，才清除了我认为不适合留在花园里的那些。就这样，我收获了一批颇为自豪的珍贵野花，给我带来了极大的乐趣。这些野花、野草或蕨类植物如今都有了自己的位置，错落有致，不失野趣，正符合景观设计师们的目标。这些野生植物都很小，主要种在植物无法生长的地方，作为填充物或地面覆盖物。在房子对面的草坪尽头是我的下沉式金鱼池和喷泉，沿着池塘底部栅栏有高起的堤岸，堤岸边砌满了石头，一端连着一座石桥，通往长着竹子的土丘。桥上有一个微型的中国绿釉神龛。堤岸的中间还有一个中国慈悲之神观音的石像，该石像在一个佛龛内，面朝池塘喷泉，背靠一小丛灌木树篱。她的周围及两边的堤岸上生长着的几种蕨类植物，是妻子在一年夏天从莫干山带回的。堤岸的其他部分长着一种可爱的常青树，也来自莫干山。观音像后面的围栏对着一棵大杨树，竹丛对面的角落里有两棵桧树、一丛大花溲疏和其他灌木，花园一角还垂着邻居花园里的一棵柳树的可爱枝条。两只来自北京某个古庙的绿釉石狮子守卫着通往观音像前池塘的台阶，在竹林下土丘的石窟里，有一尊褐色的笑佛弥勒佛的瓷像。草坪两侧，许多种类的乔木和灌木排列在栅栏边，包括枇杷、柿子、银杏、丁香、石榴、紫荆、锦带花、栀子、玉兰、海桐、女贞和许多其他较少开花的灌木，比如贯叶连翘和矮樱桃。这里没有普通意义上的花坛，但我在灌木和乔木前种上了五颜六色的当季草本花卉，如百日菊、金鱼草、红鼠尾草、鸡冠花、金盏花和菊花。在没对土壤进行处理的自然情况下，它们长得出奇地好。花园各处散落着小假山，蔓性蔷薇和五叶地锦爬满了围栏，它们也生长在檐廊和门廊的竹架上，周围是绣线菊、茉莉和其他灌木。

最近，我对花园进行了一次粗略的植物普查，发现有不少于五十三种乔木和灌木，也就是有木质茎的植物，大约七十种不同的野生草本植物，和大约二十五种人工栽培的一年生和多年生草本植物，总共有大约一百五十种。这些大大小小的植物构成了一个小小的森林绿地，草坪四周像围着一堵15到20英尺（约4.6米到6.1米）高的绿墙。夏天，地面上没有一片光秃的地方，遮挡栅栏的树叶也密密实实。正是在这充满绿叶和鲜花的小世界里，生活着很多种昆虫和其他动物，给予了我无穷的乐趣。

图47 上海卢塞恩路作者花园里的石头和灌木

图48 作者花园里的假山

图49 作者花园里爬满篱笆的白蔷薇

图50 作者花园里的岩石、草本植物和绣线菊（人们常误称为“山楂花”）

自然哲学

10月7日

这是最后一篇《博物笔记》，报纸上的这块位置就要交还给我的朋友威尔金森，让他继续完成《乡村日记》了。在向读者告别之际，我由衷希望大家享受了阅读这些笔记的过程，就如同我享受写下它们一样。写这些文章不只是我的乐趣，更是一种自我教育，勤勉认真的作家必须在写作中持续不断地学习。就我而言，写作促使我更深入地研究周围的动植物世界，让我发现了许多此前未知的现象与事物。在现有文献中查阅我的观察与发现时，我了解到了新的知识，也得到了一些解惑的线索。我的花园就是我的实验室，我观察的主要是花园里的动植物，也就是我眼前真实发生的故事，但我并没有忽视大自然中看到的所有事物的潜在意义，也试图向读者们传达了我的生活哲学。

自然中有一点令我印象最深，那就是所有动植物都坚定不移地履行着其职责与命运。以及，它们之间尽管有诸多冲突，但也有大量合作，大多数动物都有着非凡的仁慈之心。同类不相残已是准则，不同生物间大多也能够和谐共存。正如前文所指出的，它们不存在"迫害少数群体"的问题，也不会肆意地互相迫害。诚然，许多物种是掠食性的，它们捕食其他物种，尤其是好斗的蚂蚁，蚁群间会彼此发动灭绝性战争，但总体而言，动物生活的基调是和平。我们不禁想，如果人类凭借其自诩的高超智慧顺应自然界的这一趋势，而不偏狭、迫害、干涉和侵略，那该有多好啊。《圣经》有言，上帝使人比天使稍低一等，但从最近几年世界上发生的事情来看，人类似乎已经自贬到比大多数动物也低很多的位置了。我们在自然界中目睹了无休止的战争，却也必须承认，动物并不像人类那般残忍，它们受着盲目的本能驱使，而不像人类那样，在有意识的情况下，沉溺于对同类进行无谓的、大规模的折磨。再谈谈这问题的另一方面，我们经常听到这样的疑问：我们在自然界中所看到的一切是如何发生的？又为何会发生？"如何"的问题不难解答，但"为何"似乎很难给出答案，也许根本就没有原因。至少，这是我的观点。但没有原因又如何？我乐于观察动植物世界里发生的事情，喜欢研究人类各种各样的行为，偶尔还让自己的思绪徜徉在无边无际的太空中，那里有无数的星星、星团与星系，星云、太阳、行星、卫星、彗星和流星，我还投入化学反应、原子构造、地壳构成等奥秘的怀抱。我对这一切惊叹不已，却不会问为什么。这可能要叫很多人失望了，无法给予他们在这个充满苦难的世界里所需要的安慰，却叫我认识到，我在宇宙这幕大戏中，不过扮演着一个毫不起眼的角色，所受的苦难是如此微不足道。如果人类能够走进大自然，向她学习她所能教给我们最好的一切，那么在地球上的生活会立刻变得无比幸福。

本书主编

赵省伟："西洋镜""东洋镜""遗失在西方的中国史"系列丛书主编。厦门大学历史系毕业，自2011年起专注于中国历史影像的收藏和出版，藏有海量中国主题的法国、德国报纸和书籍。

本书作者

苏柯仁（Arthur de Carle Sowerby，1885—1954）：英国博物学家、探险家和杂志编辑。其高曾祖是英国植物学的奠基者之一，曾祖为英国皇家植物学会的创始人之一。1907—1923年，他在中国参与多次长程探险，并沿途采集动物标本，为日后成为中国博物学家奠定了基础；1923年，创办《中国杂志》，刊载生物、地理、文学、历史等方面的文章，直至1941年停刊；1927—1946年，任亚洲文会上海博物院（上海自然博物馆的前身之一）名誉院长；1935—1940年，担任亚洲文会北中国支会会长。

本书译者

陈昕：南昌师范学院外国语学院副教授，教研室主任，翻译学科骨干教师，主要从事"翻译理论与实践""中国文化通论（英文）"等课程的教学与研究工作。

内容简介

本书为博物学家苏柯仁关于中国，尤其是上海地区动植物的随笔，最早以每周三期的频率连载于《字林西报》上，1939年出版单行本。该笔记语言平实自然，内容引人入胜，是了解上海地区动植物的绝佳入门读物。

「本系列已出版图书」

第一辑	《西洋镜：海外史料看甲午》
第二辑	《西洋镜：1907，北京—巴黎汽车拉力赛》（节译本）
第三辑	《西洋镜：北京美观》
第四辑	《西洋镜：一个德国建筑师眼中的中国1906—1909》
第五辑	《西洋镜：一个德国飞行员镜头下的中国1933—1936》
第六辑	《西洋镜：一个美国女记者眼中的民国名流》
第七辑	《西洋镜：一个英国战地摄影师镜头下的第二次鸦片战争》
第八辑	《西洋镜：中国古典家具图录》
第九辑	《西洋镜：清代风俗人物图鉴》
第十辑	《西洋镜：一个英国艺术家的远东之旅》
第十一辑	《西洋镜：一个英国皇家建筑师画笔下的大清帝国》（全彩本）
第十二辑	《西洋镜：一个英国风光摄影大师镜头下的中国》
第十三辑	《西洋镜：燕京胜迹》
第十四辑	《西洋镜：法国画报记录的晚清1846—1885》（全二册）
第十五辑	《西洋镜：海外史料看李鸿章》（全二册）
第十六辑	《西洋镜：5—14世纪中国雕塑》（全二册）
第十七辑	《西洋镜：中国早期艺术史》（全二册）
第十八辑	《西洋镜：意大利彩色画报记录的中国1899—1938》（全二册）
第十九辑	《西洋镜：〈远东〉杂志记录的晚清1876—1878》（全二册）
第二十辑	《西洋镜：中国屋脊兽》
第二十一辑	《西洋镜：中国宝塔I》（全二册）
第二十二辑	《西洋镜：中国建筑陶艺》
第二十三辑	《西洋镜：五脊六兽》
第二十四辑	《西洋镜：中国园林与18世纪欧洲园林的中国风》（全二册）
第二十五辑	《西洋镜：中国宝塔II》（全二册）
第二十六辑	《西洋镜：北京名胜及三海风景》
第二十七辑	《西洋镜：中国衣冠举止图解》（珍藏版）
第二十八辑	《西洋镜：1909，北京动物园》
第二十九辑	《西洋镜：中国寺庙建筑与灵岩寺罗汉》
第三十辑	《西洋镜：北京大觉寺建筑与西山风景》
第三十一辑	《西洋镜：中国灯塔》
第三十二辑	**《西洋镜：上海花园动植物指南》**

西洋镜 Mook

扫码关注
获取更多新书信息